세포 파괴와 암을 유발하는 샴푸와 주방세제의 유해 물질들

세포 파괴와 암을 유발하는
샴푸와 주방세제의 유해 물질들

초판 1쇄 인쇄 2014년 12월 05일
초판 1쇄 발행 2014년 12월 10일

지은이   박 철 원
펴낸이   손 형 국
펴낸곳   (주)북랩
출판등록   2004. 12. 1(제2012-000051호)
주소   서울시 금천구 가산디지털 1로 168,
           우림라이온스밸리 B동 B113, 114호
홈페이지   www.book.co.kr
전화번호   (02)2026-5777
팩스   (02)2026-5747

ISBN   979-11-5585-436-5 13430(종이책)
          979-11-5585-437-2 15430(전자책)

이 책의 판권은 지은이와 (주)북랩에 있습니다.
내용의 일부와 전부를 무단 전재하거나 복제를 금합니다.

이 도서의 국립중앙도서관 출판시도서목록(CIP)은 서지정보유통지원시스템 홈페이지(http://seoji.nl.go.kr)와
국가자료공동목록시스템(http://www.nl.go.kr/kolisnet)에서 이용하실 수 있습니다.
(CIP제어번호 : CIP2014035425)

세포 파괴와 암을 유발하는
샴푸와 주방세제의 유해 물질들

박철원 지음

북랩 book Lab

머리말

계면활성제 위험성에 대해 부분적으로나마 여러 해 동안 MBC, KBS등 공중파 방송을 통해 여러 번 다루어졌음에도 불구하고 일반 국민이 그 위험성을 시각적으로나 감각적으로 즉각 인식하지 못하고 있는 듯하다. 세포를 파괴하고 유전자 변형 등을 야기시킬 수 있는 계면활성제가 포함된 세정제 제품들을 무조건 믿고 아무 의심 없이 관행적으로 사용함으로서 우리들은 물론 산모와 태어나는 생명들에게까지도 세정제에 포함되어 있는 발암물질 등에 무방비로 노출될 수 있다는 현실이 안타깝기만 하다. 소비자가 무조건 믿고 사용한 제품들로 인해 돌이킬 수 없는 결과가 초래된 산모와 영유아의 죽음을 야기한 '가습기 살균제' 사례가 떠오른다. 지금까지 시중에서 쉽게 구매하는 세정제를 안전할 것이라 무의식적으로 받아들였던 사실들에 대해 이 책을 통해서 이제는 인식의 변화를 가져오고 그 변화가 가족의 건강지킴에 조금이라도 기여하기를 바란다.

필자는 치약이나 샴푸를 포함하는 세정제의 합성 계면활성제로 사용되는 '라우릴설페이트'를 이용하여 유전자와 세포 과학을 연구해 왔다. 단백질을 변성시키고 세포를 효과적으로 파괴하는 성질 때문에 세포 연구에서 약방 감초처럼 사용되고 있는 독성이 매우 강한 계면활성제이다.

우리가 매일 사용하는 거의 모든 세정제 속에 계면활성제를 통해 발암물질도 포함될 수 있다. 샴푸, 바디워시, 베이비용 세정제, 주방세제 그리고 항균 핸드워시 등에 널리 사용되는 '라우레스설페이트'는 백혈병과 유방암 발병을 야기하는 1급 발암물질인 '에틸렌옥사이드'가 라우릴설페이트에 부가(화학적으로 공유결합, 즉 결합을 의미함)되어 생성된 계면활성제이다. 부가 후 잔존하는 에틸렌옥사이드가 제거되지 않은 라우레스설페이트를 우리들이 사용하는 세정제 원료로 사용될 경우 우리는 매일 1급 발암물질에 노출될 수밖에 없다. 이 뿐만 아니라. 주방세제는 물론 어린이들도 자주 사용하는 항균 핸드워시와 갓 태어난 신생아들에게 사용되는 세정제조차도 2B급 발암물질인 계면활성제 '코카마이드디이에이'가 포함되어 현재 시중에서 시판되고 있는 실정이다. 또 있다. 계면활성제를 통해 우리 세정제에 포함될 수 있는 발암물질은 '1,4-다이옥산', '프로필렌옥사이드', '아크릴로니트릴' 그리고 '디에탄올아민(디이에이)'이 더 존재한다.

필자는 이스라엘 와이즈만 연구소(The Weizmann Institute of Science)에서 약 9년 동안 라우릴설페이트를 이용하여 유전자와 세포 과학을 연구하였으며 동시에 현재의 이스라엘 벤처 창업을 세계적인 대성공으로 이끌어낸 '후츠파 정신(הצפה; Chutzpa: 잘못된 기득권 논리를 바로잡고 실천하고자 하는 정신)'을 터득하기도 하였다. 후츠파 정신은 박근혜정부가 창조경제의 성공적 이행을 위해 도입하려 했던 정신이기도 하다. 이 후츠파 정신이 없었더라면 필자는 1900년대 초중반에 독일에서 개발되고 1934년부터 미국이 상업화하여 인체 세정용으로 무분별하게 사용하고 있는 관행에 도전하여 계면활성제의 발암 가능성을 포함한 유해성을 감히 제기하지 못하였을지도 모른다.

이 책은 총 15장으로 크게 네 부분으로 이루어져 있다. 첫째, 계면활성제에 대한 기초 지식, 둘째, 단백질 변성과 세포를 파괴하는 계면활성제 라우릴설페이트 역사와 위험성, 셋째, 이 계면활성제에 발암물질이 부가되어 생성된 라우레스설페이트의 역사와 위험성, 더 나아가 각종 계면활성제를 통해 우리가 시중에서 쉽게 구할 수 있는 세정제 속에 포함될 수 있는 발암물질들, 마지막으로 우리가 매일 사용하고 있는 다양한 종류의 세정제 전성분 표시와 그 속에 존재하는 필자가 우려하는 계면활성제 표시이다.

이 책이 나오기까지 물심양면으로 도와주신 바이오위더스(주) 권오중 박사, 필자에게 학문적인 후츠파 정신을 가르쳐 주신 이스라엘 와이즈만 연구소의 모든 연구진들과 마이클 디 워커 Michael D. Walker 교수님에게 진심으로 감사드린다. 끝으로 이 책이 나오기까지 인내와 뜨거운 격려를 아끼지 않은 사랑하는 우리 가족, 민제, 민서 그리고 평원에게 무한한 감사를 표한다.

2014년 12월
박철원

CONTENTS

머리말   04

제1장 샴푸를 포함한 화장품 전성분 표시제   13

1. 우리나라 전성분 표시제   15
2. 샴푸에 전성분이 표기되어 있지 않을 경우   17
3. 이해하기 어려운 전성분표   18

제2장 계면활성제란 무엇이며 왜 필요한가?   19

1. 세정제로서 계면활성제를 사용하는 주요 이유: 물의 표면장력 파괴   21
2. 이해하기가 어려운 계면활성제 용어 뜻   25
3. 계면활성제는 거의 모든 산업분야에 사용되는 팔방미인   27
4. 좋은 세정제 계면활성제로서 시장에 출시되기 위한 조건: 가격이 저렴하고 고기능은 물론 안전해야 한다   29
5. 계면활성제 기능에 영향을 주는 물: 연수와 경수   29
6. 석유계 합성세제는 무조건 나쁘고 식물성 유래 또는 친환경 세제는 모두 좋다고 하는 것은 편견이다   30

참고 자료

제3장 계면활성제의 화학구조 특징과 종류   35

1. 계면활성제는 반드시 물을 좋아하는 친수성 부위와 물을 싫어하는 소수성 부위로 이루어진다   37
2. 계면활성제 주요 개발 방법: 친수성과 소수성 부위 조작   40
3. 피부에 직접 접촉되어 제일 많이 사용되는 합성 계면활성제: 라우릴설페이트 그리고 라우레스설페이트   41

참고 자료

제4장 치약과 샴푸의 주요 계면활성제, 라우릴설페이트의 역사 45

1. 최초의 합성 계면활성제: 독일의 부틸나프탈렌설포네이트 47
2. 미국의 피엔지 회사: 치약과 샴푸에 세계 최초로 라우릴설페이트를 사용한 회사 48
3. 라우릴설페이트 개발 역사와 치약과 샴푸에 사용하게 된 경위 50
4. 세탁세제로서 그리고 치약/샴푸의 계면활성제로서 상반된 라우릴설페이트의 운명 54
5. 피엔지 회사 소개 55

참고 자료

제5장 단백질 변성과 세포 파괴를 야기하는 라우릴설페이트 57

1. 단백질 변성은 단백질 기능 상실을 의미하고 최악의 경우 생명의 위협을 초래할 수 있다 61
2. 라우릴설페이트에 의한 단백질 변성 63
3. 라우릴설페이트에 의한 세포 파괴 65
4. 라우릴설페이트의 또 다른 이름: 코코설페이트 69
5. 산모와 영유아의 죽음을 야기한 가습기 살균제 성분과 라우릴설페이트는 뜻을 같이 하는 세포 테러분자! 69

참고 자료

제6장 물고기의 아가미 조직과 세포를 파괴하는 라우릴설페이트 73

1. 물고기의 아가미: 호흡을 담당하는 산소와 이산화탄소 교환 조직 75
2. 합성세제 방출로 인한 어류독성 실험 77
3. 라우릴설페이트의 어류 치사 농도와 치약과 샴푸에 사용되는 농도 비교 80

참고 자료

제7장 피부장벽과 모낭을 파괴하는 라우릴설페이트 85

1. 피부의 기본 구조: 상피, 진피 그리고 피하 87
2. 피부 재생시간: 약 4주 88
3. 각질층 기능: 피부장벽 89
4. 피부장벽을 파괴하는 라우릴설페이트 91
5. 라우릴설페이트를 포함한 약물 침투 증진제 92

6. 모낭을 파괴하는 라우릴설페이트 93
7. 아무 이유 없이 피부 또는 두피가 가렵거나 염증이 있을 경우 또는 머리카락이 가늘어지거나 탈모가 야기될 경우 97

참고 자료

제8장 라우릴설페이트에 발암물질을 부가하여 합성한 새로운 계면활성제: 라우레스설페이트 101

1. 에틸렌옥사이드란 무엇인가? 104
2. 에틸렌옥사이드는 유전자를 변형시켜 암을 유발하는 1급 발암물질이다 105
3. 에틸렌옥사이드를 부가한 계면활성제 개발 106
4. 지방산 또는 지방알콜에 에틸렌옥사이드를 부가시킨 비이온성 계면활성제 109
5. 라우레스 계면활성제의 황산화: 라우레스설페이트 생성 110
6. 에틸렌옥사이드로 인한 새로운 발암물질 생성: 1,4-다이옥산 111
7. 에틸렌옥사이드가 부가된 계면활성제가 포함된 세정제에 발암물질이 오염될 수 있다 112

참고 자료

제9장 계면활성제에 부가되는 또 다른 발암물질 그리고 계면활성제 자체가 발암물질인 경우 115

1. 계면활성제에 부가되는 또 다른 발암물질: 프로필렌옥사이드와 아크릴로니트릴 116
2. 발암물질로 규정된 계면활성제: 디에탄올아민 그리고 코카마이드디이에이 117
3. 미국에서 발생한 발암물질 코카마이드디이에이 계면활성제 대란 119

참고 자료

제10장 발암물질 오염에 대한 인체 계면활성제 종주국 미국의 대처 121

1. 발암물질 오염에 대해 미국 FDA도 규제하기 어려운 고삐 풀린 망아지 회사들 122
2. 미국 캘리포니아주 법 Proposition 65 124
3. 발암물질 오염에 대해 생명과학의 최대 강국이자 인체용 계면활성제의 종주국인 미국의 초라한 대처 124

참고 자료

제11장 샴푸 제품 전성분과 우려되는 계면활성제 성분 127

1. 국내 A회사 제품 - 2개   129
2. 국내 D회사 제품 - 2개   131
3. 국내 E회사 제품 - 2개   133
4. 국내 L회사 제품 - 4개   136
5. 국내 M회사 제품 - 3개   141
6. 국내 N회사 제품 - 1개   145
7. 외국계 P회사 제품 - 2개   146
8. 외국계 U회사 제품 - 1개   148
9. 국내 H회사 제품: 식품의약품안전처가 허가한 의약외품인 탈모방지 및 양모용 샴푸   149

제12장 바디워시 제품 전성분과 우려되는 계면활성제 성분 153

1. 국내 A회사 제품 - 2개   154
2. 국내 C회사 제품 - 1개   157
3. 국내 L회사 제품 - 1개   158
4. 국내 M회사 제품 - 1개   160
5. 국내 S회사 제품 - 1개   161
6. 외국계 O회사 제품 - 1개   162
7. 외국계 U회사 제품 - 1개   163
8. 외국계 J회사 제품 - 1개   164

제13장 항균 핸드워시 전성분과 우려되는 계면활성제 성분 167

1. 국내 O회사 제품 - 1개   169
2. 국내 C회사 제품 - 2개   169
3. 외국계 M회사 제품 - 1개   171

제14장 신생아/베이비 세정제 전성분과 우려되는 계면활성제 성분 173

1. 국내 H회사 제품 - 1개   174
2. 국내 C회사 제품 - 1개   176
3. 국내 A회사 제품 - 1개   177
4. 국내 B회사 제품 - 1개   178
5. 국내 D회사 제품 - 1개   179

제15장 주방세제 전성분과 우려되는 계면활성제 성분 181

1. 국내 L회사에서 2005년 특허출원한 주방세제 - 1개   183
2. 국내 P회사 제품 - 1개   184
3. 미국계 다단계 A회사 제품 - 1개   185
4. 우리나라에서 유통되는 벨기에 E회사 친환경 제품 - 1개   186
5. 우리나라에서 유통되는 미국 M회사 친환경 제품 - 1개   186
6. 발암물질이 제일 많이 포함될 수 있는 세정제는 다름 아닌 주방세제일 가능성   187
7. 뜻하지 않게 우연히 발견한 L사 항균주방세제 전성분과 함량   189

참고 자료

부록 주요단어 정리 193

맺음말 202

제1장

샴푸를 포함한
화장품 전성분 표시제

제1장 샴푸를 포함한 화장품 전성분 표시제

　우리가 매일 사용하는 화장품의 원료 성분은 모두 수만 가지에 이른다. 예전만 하더라도 화장품에 어떤 성분이 포함되어 있는지에 대한 정보가 전혀 없었기 때문에 사실상 제품 성분을 토대로 소비자가 원하는 제품을 선택할 수 있는 권한이 매우 제한적이었다. 예로 개인에 따라 알레르기나 염증을 유발할 수 있는 성분이 화장품에 포함될 수 있기 때문에 구매 전 화장품 성분에 대한 정보가 필수적이다. 이러한 소비자의 알 권리를 충족시켜 주기 위해 미국은 1976년 그리고 일본은 2001년에 화장품에 포함된 모든 성분을 제품 용기 겉면에 표시하는 전성분 표시제가 시행되었다. 이 장에서 전성분표를 올바르게 이해할 수 있는 방법에 대해 알아보자.

1. 우리나라 전성분 표시제

우리나라의 경우 2008년 9월에 보건복지가족부령 제81호로 규정된 화장품 법 시행규칙 중 화장품 제조에 사용된 성분을 기재하는 전성분 표시제가 도입되었다. 제조 시 사용된 함량 순으로 성분을 표시하며 1% 이하로 사용된 성분과 향료와 색소는 순서에 상관없이 기재될 수 있다. 여기서 사용된 함량은 기재하지 않아도 무방하다.

예를 들어 보자. 그림1에 제시되어 있는 샴푸의 전성분표에 정제수(물)가 제일 먼저 기재되었다. 그 이유는 정제수가 제일 많이 사용되었기 때문이다. 그 다음 많이 사용된 원료는 암모늄라우레스설페이트(라우레스설페이트에 암모늄 이온이 결합된 것)이며 그 다음은 암모늄라우릴설페이트(라우릴설페이트에 암모늄 이온이 결합된 것)이다. 마지막으로 향료와 색소 등이 기재되어 있다. 이로서 화장품 제조에 사용된 성분에 대해 소비자의 알 권리가 충족되고 소비자 자신이 원하는 성분이 함유된 또는 혐오하는 성분이 배제된 화장품을 선택할 기회가 주어졌다. 예로 그림1의 전성분표에서 암모늄라우레스설페이트와 암모늄라우릴설페이트 계면활성제가 발견되었기 때문에 필자는 이 제품의 구매를 자제할 것이다. 그들의 독성을 잘 알고 있기 때문이다. 이렇게 전성분표는 소비자의 구매 결정에 매우 중요한 정보를 제공해 준다.

시중에서 구매한 A회사 샴푸 제품의 전성분표

◀성 분▶ 정제수, 암모늄라우레스설페이트, 암모늄라우릴설페이트, 하이드롤라이즈드콘키올린프로테인, 호두껍질추출물, 구아하이드록시프로필트리모늄클로라이드, 디메치콘, 디소듐이디티에이, 라우레스-23, 라우레스-3, 마이카, 부틸렌글라이콜, 사이클로메치콘, 세틸알코올, 소듐살리실레이트, 소듐클로라이드, 시트릭애씨드, 에탄올, 잔탄검, 적색산화철, 코카마이드엠이에이, 트리스(테트라메칠하이드록시피페리디놀)시트레이트, 트리하이드록시스테아린, 티타늄디옥사이드, 소듐벤조에이트, 메칠이소치아졸리논, 메칠클로로이소치아졸리논, 페녹시에탄올, 황색4호, 등색205호, 향료 진주단백질(정제수/부틸렌글라이콜/하이드롤라이즈드콘키올린프로테인) 20ppm

그림 1 소비자의 알 권리를 충족시켜 주기 위해 미국은 1976년, 일본은 2001년 그리고 우리나라는 2008년에 화장품에 포함된 모든 성분을 제품 용기 겉면에 표시하는 전성분 표시제가 시행되었다. 제조 시 사용된 함량 순으로 성분을 표시하며 1% 이하로 사용된 성분과 향료와 색소는 순서에 상관없이 기재될 수 있다. 정제수(물)가 제일 먼저 기재된 이유는 샴푸 제조 시 정제수가 제일 많이 사용되었기 때문이다. 그 다음은 암모늄 이온이 결합된 라우레스설페이트와 라우릴설페이트 계면활성제 순이며 제조 시 사용된 정확한 함량은 알 수 없지만 정제수와 더불어 상대적으로 많은 양이 사용되었음을 알 수 있다. 샴푸는 일종의 세정제이므로 계면활성제가 상대적으로 많이 사용된 이유를 충분히 이해할 수 있다.

2. 샴푸에 전성분이 표기되어 있지 않을 경우

우리가 사용하는 샴푸 뒷면에 간간히 전성분이 표기되지 않은 경우가 있는데 이런 경우는 탈모 방지와 양모용 목적으로 제조된 기능성 샴푸로 의약외품 허가를 받았을 때이다. 이럴 경우 샴푸는 화장품이 아니라 의약품으로 취급받는다. 이 때문에 우리나라 약사법 제65조인 "의약외품 용기 등의 기재사항"에 의거하여 샴푸의 전성분을 표기할 의무가 주어지지 않는다. 그 대신 탈모 방지와 양모의 기능을 발휘하는 주성분이 표기되며 그 외 샴푸 성분은 전혀 표기되지 않는다. 긁어 부스럼 만들 필요가 없기 때문일 것이다. 만약 사용된 전성분의 정보를 알고 싶은 소비자는 회사에 문의하라고 한다. 문의 후 제대로 모든 것을 알려 주는지에 대해 의문스럽지만 그보다 먼저 올바른 부서의 담당자에게 연결되는 것 자체가 많은 시간을 요구할 수 있기 때문에 큰 스트레스가 될 수 있다. 유명한 여배우가 매혹적인 머리를 풀어 제치며 상징적으로 품질이 좋은 제품이라 광고하는 것을 믿고 쓸 수밖에 없는 지경에 이른다. 이럴 경우 우리는 다시 2008년 9월 이전으로 돌아간다. 소비자의 알 권리와 소비자 자신이 원하는 성분이 함유된 또는 소비자가 혐오하는 성분이 배제된 샴푸를 선택할 권리가 사라지게 되기 때문이다. 의약외품으로 허가를 받은 샴푸에 사용된 전성분을 표기하지 않는 이유를 아직도 이해할 수 없다. 피부장벽과 모낭을 파괴할 수 있는 계면활성제 성분 또는 발암물질이 오염될 수 있는 계면활성제 성분도 포함될 수 있기 때문이다. 만약 탈모방지와 양모 목적의 샴푸에 이런 성분이 포함되어 있다면 매우 아이러니컬하지 않을 수 없다. 하지만 불행하게도 이것이 현실일 수 있다.

3. 이해하기 어려운 전성분표

　전성분 표시제로 화장품 제조에 사용된 성분 모두 표기되었다 하더라도 또 하나의 문제가 발생된다. 화장품 제조에 사용된 성분이 대부분 화학물질이기 때문에 전성분표에 표기되어 있는 성분 이름은 화학명(化學名)일 수밖에 없다. 이런 이유로 이 분야의 전문가가 아니면 표기된 성분이 무엇인지조차 이해하기가 매우 어려운 실정이다. 따라서 소비자는 사용된 성분의 유해 가능성 유무와 그에 대한 정보를 얻기 위해서는 전문가에게 의지할 수밖에 없다.

　이 책의 제11장에서 제15장까지 우리가 흔히 사용하는 다양한 종류의 샴푸, 바디워시, 베이비용 세정제, 항균 핸드워시 그리고 주방세제의 전성분이 제시되었고 단백질을 변성하고 세포를 파괴하며 더 나아가 발암물질이 오염될 수 있는 계면활성제 모두 명확하게 표시하였다. 이 책을 읽고 난 후에는 매일 사용하는 세정제에 최소한 어떤 종류의 계면활성제가 포함되어 있는지 그리고 좋은지 나쁜지 스스로 판단할 수 있게 될 것이다.

제2장

계면활성제란 무엇이며 왜 필요한가?

제2장 계면활성제란 무엇이며 왜 필요한가?

　장마철인 요즘 갑작스럽게 많은 빗물을 동반하는 게릴라성 장마로 인해 산사태 또는 침수와 같은 예측이 어려운 수해를 졸지에 당하게 된다. 물이 너무 많아 골칫거리이다. 하지만 물은 모든 생명체의 생명유지에 절대적으로 필요할 뿐만 아니라 우리들의 건강을 위한 위생과 청결유지에도 매우 중요하다. 특히 장마철에는 최적의 습도와 온도로 곰팡이와 박테리아가 잘 번식하여 계면활성제가 포함되어 있는 세정제로 자주 세정하여 주지 않으면 미생물 감염으로 인해 전염병 등에 걸릴 수 있다.

　오늘의 주제는 우리가 매일 사용하는 계면활성제와 물과의 관계이다. 이 관계를 알아보기 위해 계면활성제가 무엇인지 그리고 왜 필요한지에 대해 토론하여 보기로 하자.

1. 세정제로서 계면활성제를 사용하는 주요 이유: 물의 표면장력 파괴

계면활성제 뜻을 알아보기 전에 세정에 절대적으로 필요한 물의 성질에 대해 간단히 알아보자. 물의 기본 구성 물질은 물 분자이다. 물 분자가 모여 물이 형성된다. 순수한 물은 물 분자의 집합체이다. 그림1에서 보는 바와 같이 물 분자는 다시 산소원자 한 개와 수소원자 두 개가 화학적으로 결합하여 만들어진다. 이때 이들이 이루는 특이한 화학적 결합 특성 때문에 산소가 약간의 음 극성을 띠고 수소는 약간의 양 극성을 띠게 된다.[1] 여기서 극성이라 함은 겉으로는 전기를 띠고 있지 않지만 속으로는 매우 약한 전기가 형성되었다는 의미이다. 만약 그것이 음전기일 경우 음 극성(δ-), 반대로 양전기일 경우 양 극성(δ+)이라 표현하다. 일반인에는 약간 어려운 개념일 수 있지만 이런 이유 때문에 물 분자의 수소는 옆에 있는 물 분자의 산소와 매우 약한 전기적 결합을 하는데 이 결합을 수소결합이라 한다(그림2 참조).[2] 이 결합을 파괴하기 위해 우리는 비누와 같은 세정제를 이용한다.[3]

물 분자 구조와 극성

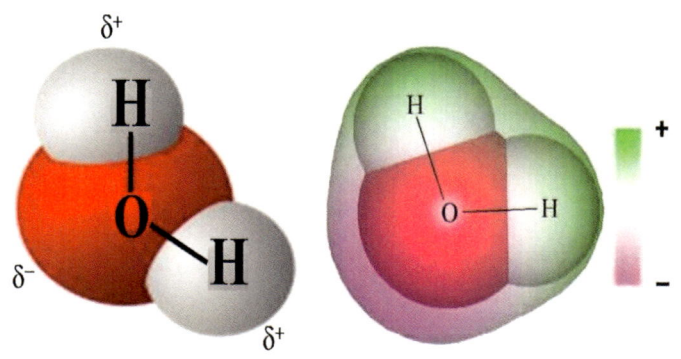

> **그림 1** 순수한 물은 물 분자의 집합체이다. 물 분자는 다시 산소원자(O: oxygen) 1개와 수소원자(H: hydrogen) 2개가 화학적으로 결합하여 만들어 진다. 원래 산소와 수소는 전기를 띠지 않지만 이 경우 둘이 이루는 특이한 화학적 결합 특성 때문에 산소는 음 극성(δ-)을 띠고 수소는 양 극성 (δ+)을 띠게 된다. 여기서 극성이란 매우 약하디 약한 전기를 띠고 있다는 의미이다. 오른쪽 그림에서 보는 바와 같이 그 극성도 사실상 결합되어 있는 각각의 원자 부위에 따라 조금씩 다르며 복잡한 구조이다.

그림3에서 보는 바와 같이 물 표면에 존재하는 물 분자는 수소결합으로 인해 양쪽 그리고 아래쪽의 물 분자와 서로 끌어당기지만 위쪽에는 물 분자가 없어 물 안쪽으로 더 끌리게 된다. 이런 이유로 물 표면의 물 분자는 힘의 균형이 이루어질 때까지 물귀신처럼 아래로 끌어 당겨져 곡면이 형성된다. 이 힘을 표면장력이라 한다.[3] 마치 럭비 선수들이 상대팀을 방어하기 위해 서로 팔짱을 끼고 주저앉아 스크럼하는 것과 비슷하다. 일단 스크럼이 형성되면 이 스크럼을 뚫고 나가기가 매우 힘들다. 따라서 상대편 선수들은 이 스크럼을 파괴하기 위해 온갖 노력을 시도한다.

물 표면에 눈에 보이지 않는 표면장력이 형성되었기 때문에 물을 뚫고 들어가기가 쉽지 않다. 물론 완력을 이용하면 보다 쉽게 뚫고 들어 갈 것이다. 마치 럭비선수들의 스크럼을 힘으로 파괴하여 통과하는 것과 마찬가지이다. 그러나 그 완력이 충분하지 못하다면 뚫지 못한다. 예를 들어보자. 우리가 어렸을 때 물이 고여 있는 웅덩이에서 물에 빠지지 않고 물 표면 위로 유유자적하며 돌아다니는 소금쟁이를 본 적이 있다(그림4 참조). 그 이유는 소금쟁이 무게로는 물 표면에 형성된 표면장력이 파괴되지 않아 소금쟁이가 물에 빠지지 않고 물 표면 위에서 돌아다닐 수 있기 때문이다.[3]

옷을 깨끗하게 세탁하려면 물이 옷감 속으로 잘 침투되어야 한다. 그러나 물의 표면장력 때문에 물 스스로 옷감 깊숙이 침투 또는 스며들기가 쉽지 않다. 물 표면의 물 분자끼리 스크럼하였기 때문이다. 이런 문제를 해결하기 위해 계면활성제가 사용된다. 계면활성제는 그림5에서 보는 바와 같이 물의 표면장력을 파괴한다. 따라서 계면활성제가 녹아 있는 물은 옷감 속으로 신속하게 침투할 수 있다.

물 분자끼리 결합: 수소결합

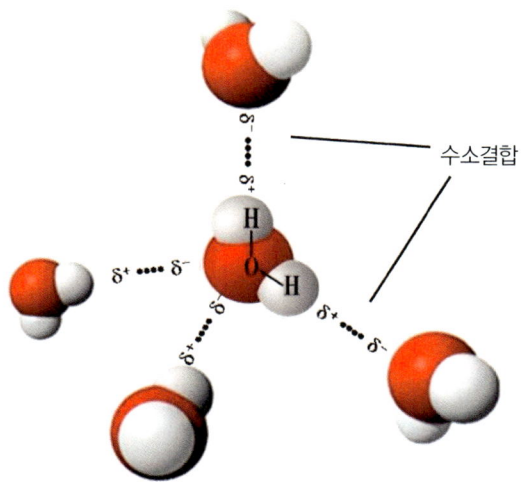

〈자료출처: Qwerter at Czech Wikipedia〉

그림 2   물 분자의 수소는 양 극성을 띠고 산소는 음 극성을 띠고 있기 때문에 인근의 물 분자와 서로 약한 전기적 결합을 하게 된다. 이 결합을 수소결합이라 한다. 이 결합 때문에 물의 표면장력이 형성되고 이 장력을 파괴하기 위해 계면활성제가 사용된다.

사실상 1900년대 초반 독일에서 화학 계면활성제가 개발되기 시작한 주요 이유 중 하나는 섬유산업 때문이다. 섬유 직물에 매혹적인 색을 염색하거나 또는 상품성을 떨어트리는 얼룩덜룩한 색을 탈색할 경우 염색제나 탈색제를 사용하여야 한다. 그러나 염색제나 탈색제가 용해된 물의 표면장력 때문에 섬유 직물에 골고루 스며들지 못해 많은 문제를 야기하였다. 특히 비누는 금속 이온이 녹아 있는 지하수나 시냇물과 같은 경수에서는 그 기능이 매우 미약하였다. 이 문제를 극복하기 위해 고기능의 합성 계면활성제가 개발되기 시작하였고 경수를 이용하더라도 물의 표면장력을 효과적으로 파괴하여 질이 좋은 염색이나 탈색이 이루어질 수 있었다.

물 표면의 장력(서로 잡아당기는 힘): 표면장력

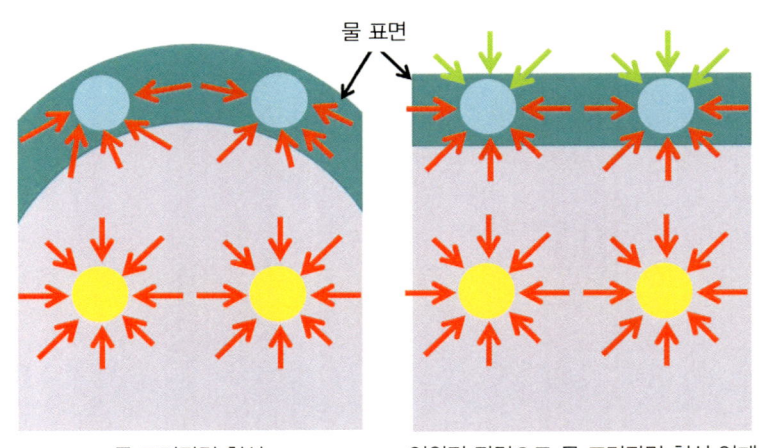

물 표면장력 형성   인위적 장력으로 물 표면장력 형성 억제

- 🔵 물 표면의 물 분자
- 🟡 물속의 물 분자
- ↑ 물 분자 간의 수소결합
- ↑ 인위적인 장력

〈자료출처: Tanakawho at Wikipedia〉

구형을 이루고 있는 물방울

그림 3 왼쪽 그림에서 보는 바와 같이 물 표면에 존재하는 물 분자(하늘색 공)는 양쪽 그리고 아래쪽의 물 분자와 서로 끌어당기지만 위쪽에 물 분자가 없어 물 안쪽으로 더 끌리게 된다. 이런 이유로 물 표면의 물 분자는 힘의 균형이 이루어질 때까지 물귀신처럼 아래로 끌어 당겨져 곡면이 형성된다. 이 힘을 표면장력이라 한다. 물 속의 물 분자(노란 공)는 위아래 양쪽에 존재하는 물 분자와 수소결합으로 인해 서로 끌어당기기 때문에 사실상 물 분자 자신이 느끼는 힘은 거의 존재하지 않는다. 따라서 물 속에는 표면장력이 없다. 우측 상단 그림의 경우 만약 물 표면에 존재하는 물 분자(하늘색 공)를 위에서 누군가 잡아 당겨주면 힘의 균형이 이루어져 표면장력이 형성되지 않아 물 표면은 곡면이 거의 형성되지 않는다. 물방울이 구형인 것은 물 분자의 수소결합으로 인한 표면장력 때문이다.

2. 이해하기가 어려운 계면활성제 용어 뜻

계면활성제의 계면(界面)은 액체, 기체 또는 고체끼리 서로 접촉되었을 때 접촉되는 각각의 면을 의미한다. 그리고 계면활성제는 그 표면을 활성화하는 물질을 의미한다. 관련 전공자가 아니면 쉽게 이해하기 어려운 이 말은 영어 surfactant(surf + act + ant)에서 유래한 것이다. 여기서 'surf'는 surface, 즉 표면을 의미하고 'act'는 active, 즉 활성화 그리고 'ant'는 agent, 즉 물질의 의미를 가지고 있다.[4] 바꿔 말하면 계면활성제는 표면을 활성화하는 물질로 사실상 물 표면의 표면장력을 파괴 또는 완화하여 다른 물질(예: 옷감과 같은 고체)로 쉽게 침투하는 역할을 하는 것이다. 따라서 계면활성제라 명명하기보다는 다른 표면이 아닌 물 표면의 표면장력을 억제함으로써 그 표면을 활성화하는 것이기 때문에 '물 표면 활성제' 또는

'물 표면장력 파괴제'라 번역하여 사용한다면 그 의미가 지금보다 쉽게 이해될 수 있지 않을까 생각된다.

물의 표면장력을 관찰할 수 있는 예

물 위에 떠 있는 소금쟁이
〈자료출처: PD at Wikipedia〉

물 위에 떠 있는 금속 종이클립
〈자료출처: Alvesgaspar at Wikipedia〉

그림 4 물에 빠지지 않고 물 표면 위로 유유자적하며 돌아다니는 소금쟁이와 물 표면에 떠있는 금속 종이클립도 관찰할 수 있다. 그 이유는 소금쟁이나 종이클립의 무게로는 물 표면에 형성된 표면장력을 파괴하지 못하기 때문이다.

3. 계면활성제는 거의 모든 산업분야에 사용되는 팔방미인

역사가 제일 길고 또 쉽게 접할 수 있는 계면활성제는 비누이지만 머리를 감는 샴푸, 샤워할 때 사용되는 바디워시, 식기를 세척하는 데 필요한 주방용 세제 또는 더러운 옷을 세탁하는 세탁용 세제도 일상생활에서 쉽게 접할 수 있다. 모두 세정용, 즉 물을 이용하여 더러운 것을 효과적으로 씻어내는 데 사용되는 계면활성제들이다. 계면활성제는 세정용 이외에 다른 용도로도 널리 사용된다. 조금 전에 언급한 바와 같이 물의 침투를 돕는 섬유산업의 습윤 목적으로 사용되거나 아이스크림을 만들 때 유화제로 이용되어 물과 유지방을 잘 섞이도록 유화시켜 동결함으로써 아이스크림을 부드럽게 만들기도 한다(유화: 제3장 그림2 참조). 이외에도 물에 녹는 물질을 잘 분산시키는 분산작용, 거품을 발생하고 억제하는 기포와 그 반대의 소포작용, 대전방지 또는 미생물 살균제 등 그 기능은 매우 다양하다. 이 때문에 계면활성제는 세정용은 물론이고 피혁산업, 제지산업, 식품, 화장품, 의약품, 고무/플라스틱, 농약, 페인트와 잉크, 기계/금속 공업용 또는 콘크리트를 포함한 토목산업 등 이루 말할 수 없는 곳에서 널리 사용되고 있는 팔방미인이다.[5]

계면활성제는 물의 표면장력을 파괴한다

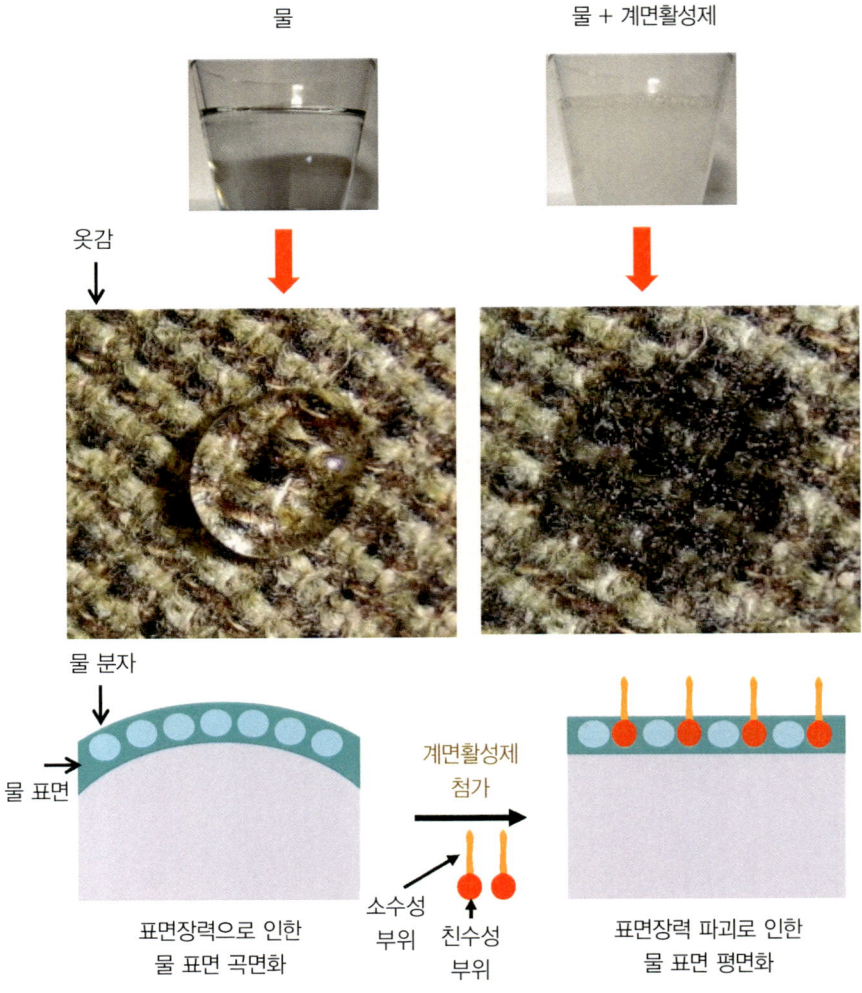

🧪 **그림 5** 물 표면의 표면장력 때문에 물 스스로 옷감 깊숙이 침투 또는 스며들기가 쉽지 않다. 옷감이 물의 표면장력을 파괴하지 못하기 때문이다. 이런 문제를 해결하기 위해 계면활성제가 사용된다. 계면활성제의 친수성 부위는 물을 좋아하므로 물 분자와 결합하여 물 분자 사이의 수소결합을 파괴시킨다. 이로 인해 표면장력 형성이억제되고 계면활성제가 녹아 있는 물은 옷감 속으로 신속하게 침투될 수 있다.

4. 좋은 세정제 계면활성제로서 시장에 출시되기 위한 조건: 가격이 저렴하고 고기능은 물론 안전해야 한다

 일반적으로 계면활성제는 원료가 싸야 하고 또 쉽게 구할 수 있어야 한다. 더 나아가 그 원료를 이용하여 쉽게 제조될 수 있어야 한다. 그 다음 무엇보다 안전해야 한다. 사용 후 외부 환경으로 방출될 경우 분해가 잘 되지 않는다면 심각한 환경오염으로 이어질 수 있다. 특히 인체에 접촉되는 계면활성제는 인체에 대한 안전성이 매우 중요하다. 가격이 싸고 품질이 좋다 하더라도 인체에 독이 된다면 좋은 계면활성제가 될 수 없다. 하지만 현실적으로 초기에 섬유산업용으로 개발된 몇몇 종류의 합성 계면활성제는 아무 통제 없이 인체에 직접 접촉되는 계면활성제로 사용되기 시작하였고 그 이후 현재까지 피부와 모낭에 많은 문제를 야기할 수 있다는 다양한 연구결과가 보고되었음에도 불구하고 아직까지 사용되고 있는 실정이다.

5. 계면활성제 기능에 영향을 주는 물: 연수와 경수

 물은 금속이온의 존재여부에 의해 크게 두 가지로 나눈다. 수돗물처럼 칼슘이나 마그네슘 금속이온이 없거나 적은 물을 연수(단물)라 하고 지하수나 시냇물과 같이 그 금속이온이 많은 물을 경수(센물)라 한다. 비누는 수돗물과 같은 연수일 경우 그리 큰 문제가 없다. 거품도 잘 나고 세정력도 매우 좋다. 하지만 지하수일 경우 포함된 칼슘이나 마그네슘 금속이온으로 말미암아 비누의 계면활성제 용해도가 떨어져 침전되고 이로 인해 하얀 비누 때가 형성되며 세정력도 떨어지게 된다. 특히 이 하얀 때는 세탁 후 옷감에 침착되어 세정의 질을 현저하게 떨어뜨리는 결과를 낳게 된다. 이러한 이유와 더불어 제1차 및 제2차 세계대전으로 인해 유지 공급이 원활하지 못한 독일은 석탄을 이용하여 경수에서도 고기능을 발휘할 수 있는 합성 계면활성제를 개발하기 시작하였고 그 이후 미국도 합세하여 현대사회에서 합성 계면활성제가 세정제의 주류가 될 수 있었던 발판을 마련하였다.

6. 석유계 합성세제는 무조건 나쁘고 식물성 유래 또는 친환경 세제는 모두 좋다고 하는 것은 편견이다

똑같은 종류의 합성세제라 할지라도 소비자의 주목을 끌기 위해 친환경, 유기농, '식물에서 유래된' 또는 '석유에서 유래되지 않은'이라는 수식어가 붙어 있는 세제를 종종 볼 수 있다. 석유에서 유래된 세제를 제외하곤 모두 좋은 세제라 간주할 수 있지만 꼭 그렇지만도 않다.

예를 들어 보자. 친환경 세제란 이산화탄소 발생 억제 등을 포함하는 환경 친화적인 방법으로 만들어져야 하며 사용 후에도 외부 환경으로 배출된 세제가 미생물에 의해 생분해가 잘 이루어져 자연에 잘 흡수되어야 한다. 매우 바람직한 세제이다. 그러나 우리 피부와 세포에 독성이 매우 강한 라우릴설페이트 경우 생분해가 잘 되는 계면활성제이며 외부 환경으로 배출되었을 경우 24시간 이내에 약 90% 이상이 생분해 되는 매우 친환경적인 세제이다.[6] 하지만 라우릴설페이트는 우리 피부와 세포에 독성이 강하기 때문에 친환경 세제라 분류된다 하더라도 결코 바람직한 세제는 될 수 없다. 또 이런 경우도 있다. 우리나라는 물론 세계적으로 유명한 친환경 세제 회사 중 하나인 벨기에의 E회사가 제조한 주방세제의 경우 계면활성제로서 라우레스설페이트를 사용한다(제15장 참조). 라우레스설페이트는 1급 발암물질인 에틸렌옥사이드가 라우릴설페이트에 부가된 것이다(제3장 및 제8장 참조). 만약 부가되지 않고 1급 발암물질 에틸렌옥사이드가 잔존하고 있다면, 즉 잔존하는 1급 발암물질 에틸렌옥사이드가 오염되어 있는 라우레스설페이트를 세정제의 원료로 사용한다면 그 제품이 아무리 친환경적이라 하더라도 발암 가능성에 대해 매우 우려하지 않을 수 없다. 환경은 물론이고 환경 지킴이의 주체인 인간도 보호를 받아야 하기 때문이다.

'식물성'이라 함은 식물에서 유래된 것을 의미하고, '유기농'이라 함은 세제에 사용된 계면활성제나 그 이외의 성분이 유기농 식물에서 추출된 것을 사용하였다는 의미일 수 있다. 그러나 사용된 계면활성제가 라우릴설페이트라 가정하고 그것이 유기농이나 또는 식물에서 추출한 원료를 사용하여 만들었다 하더라도 그 자체가 매우 강한 독성이 있기 때문에 바람직한 세제가 될 수 없다. 극단적으로 비교할 경우 청정지역에서 잡은 복어 알이 깨끗한 자연에서 만들어진 것이므로 섭취하여도 무방하다는 이치와 비슷하다.

마지막으로 제일 많이 푸대접받을 수 있는 세제가 석유에서 유래된 것인데 일반적으로 석유 찌꺼기로 만든 합성세제라고 불린다. 산업적으로 또는 일부 세정제로 좋은 역할을 하는데도 불구하고 푸대접을 받는 매우 불쌍한 세제이다. 예로 라우릴설페이트를 합성할 경우 코코넛 오일의 라우릴 지방산을 원료로 사용할 수 있고 코코넛 오일이 없을 경우 석유에서 유래된 탄소 수가 2개인 에틸렌ethylene을 중합(여러 개 중복하여 결합하는 것)하여 합성한 것을 원료로 사용할 수 있다(제8장 그림3 참조). 여기서 에틸렌은 석유에서 추출한 탄소 수가 많은 나프타naphtha 또는 LPG 가스 등을 탄소 2개씩 크래킹cracking이라는 석유화학 공정을 통해 절단하면 손쉽게 만들 수 있다.[7,8] 여기서 전자는 식물에서 후자는 석유에서 추출한 것으로 만들어졌지만 동일한 화학 구조를 가진 것이기 때문에 이들을 이용하여 만든 계면활성제는 똑같을 수밖에 없다. 다만 석유에서 유래된 것에 석유 오염물질이 존재한다면 문제가 될 수 있으나 실제로 유해한 석유 오염물질이 보고된 바는 아직 없는 것으로 생각된다.

결론은 선택되는 합성세제가 유기농이든, 친환경이든 또는 식물에서 유래된 것이든 간에 피부에 직접 접촉되는 세정제에 관한 한 또는 주방세제에 관한 한 이 모든 미사여구는 그리 중요하지 않을 수 있다. 제일 중요한 것은 사용되는 계면활성제 그 자체가 우리 피부와 우리 몸을 구성하는 세포와 유전자에 얼마나 많은 독성을 가지고 있느냐이다. 친환경 계면활성제를 만들기 위해 발암물질을 주원료로 사용하고 더 나아가 그 발암물질이 부가되지 않고 잔존하여 발암을 야기한다면, 이런 제품은 매우 어리석은 친환경 세제이며, 이를 판매하는 것은 친환경이라는 미사여구를 통해 소비자를 기만하는 것이나 다름없다.

참고 자료

1. http://en.wikipedia.org/wiki/Water_molecule
2. http://en.wikipedia.org/wiki/Hydrogen_bond
3. http://en.wikipedia.org/wiki/Surface_tension
4. http://www.thefreedictionary.com/surfactant
5. 콜로이드 계면화학 최근 연구동향, 한국공업화학회, 한국과학기술단체총연합회, 2007
6. Singer MM et al., *Rev. Environ. Contam. Toxicol.*, 133, 95-149, 1993
7. http://en.wikipedia.org/wiki/Cracking_(chemistry)
8. http://en.wikipedia.org/wiki/Ethylene

제3장

계면활성제의 화학구조 특징과 종류

제3장 계면활성제의 화학구조 특징과 종류

    합성 계면활성제는 지금까지 개발된 것만 하더라도 수천 가지에 이른다고 알려져 있다. 일반인이 상상할 수 없을 정도로 많은 종류의 계면활성제가 개발되었다. 물론 제2장에서 토론한 바와 같이 계면활성제가 거의 모든 산업 분야에서 약방감초처럼 사용되고 있다는 것을 고려해 볼 때 그리 큰 수가 아닐 수 있지만 그래도 계면활성제가 단순한 세정제로만 인식되어 있는 터이라 일반인에게는 엄청난 수일 수 있다.

    이렇게 많은 종류의 계면활성제에서 공통적으로 발견되는 화학구조 특징이 존재한다. 여기에 대해 알아보기로 하고 또 우리 피부에 직접 노출되어 매일 사용되는 주요 합성 계면활성제는 무엇이 있는지 알아보자.

1. 계면활성제는 반드시 물을 좋아하는 친수성 부위와 물을 싫어하는 소수성 부위로 이루어진다

계면활성제는 반드시 두 가지 특성을 가진 부위로 이루어져 있다. 물을 좋아하는 친수성 부위와 물을 싫어하는 그래서 기름을 좋아하는 소수성 또는 친유성 부위이다.[1] 오랫동안 사용되어 온 비누가 그림1에서 보는 바와 같이 두 가지를 다 포함하고 있다. 합성 계면활성제의 경우 소수성 부위는 자연에 존재하거나 또는 제2장에서 다룬 바와 같이 석유를 이용하여 합성될 수 있다. 예로 코코넛 오일을 구성하는 지방산들이다. 지금은 다양한 소수성 부위가 개발되어 각종 지방산의 탄화수소 계열은 물론 실리콘 계열 또는 불소 계열 등이 존재하여 각종 계면활성제가 합성될 때 소수성 부위로 사용된다.

계면활성제 기본 구조

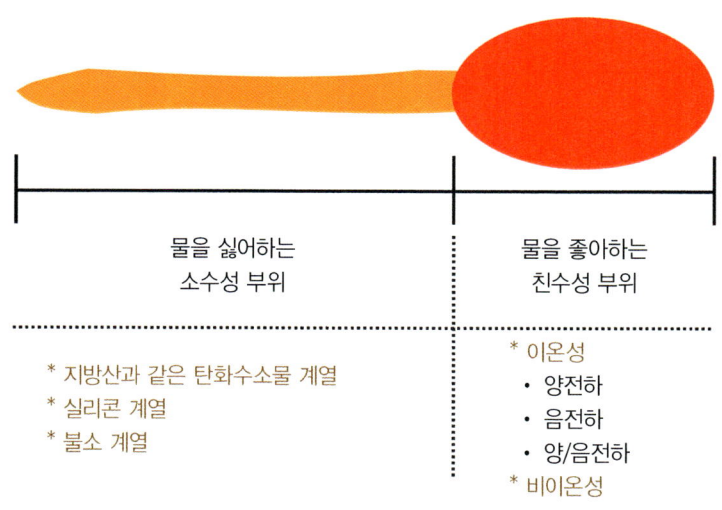

> **그림 1** 계면활성제는 반드시 두 가지 특성을 가진 부위로 이루어져 있다. 물을 좋아하는 친수성 부위 그리고 물을 싫어하는 그래서 기름을 좋아하는 소수성 또는 친유성 부위이다. 소수성의 경우 탄화수소물 계열인 코코넛 오일을 구성하는 라우릴 지방산이 제일 많이 사용된다. 이외에도 실리콘 계열 또는 불소 계열 등이 소수성 부위로 사용된다. 친수성 부위의 경우 전기를 띤 것과 띠지 않은 것이 존재한다. 전기를 띠는 경우 음전하, 양전하 또는 음/양 모두 가질 수 있다. 이를 토대로 계면활성제의 종류가 결정되는데 각각 음이온성, 양이온성 그리고 양쪽성 계면활성제라 불린다. 하지만 전기를 띠지 않는 친수성 부위도 존재하며 이를 비이온성 계면활성제라 한다(본문 및 제8장 그림2 참조).

계면활성제의 친수성 부위는 전기를 띤 것과 띠지 않은 것이 존재한다. 전기를 띠는 경우 음전하, 양전하 또는 음/양 모두 가질 수 있다. 이를 토대로 계면활성제의 종류가 결정되는데 각각 음이온성, 양이온성 그리고 양쪽성 계면활성제라 불린다. 전기를 띠지 않는 친수성 부위를 알아보자. 제2장에서 다룬 물 분자처럼 외견상 전기를 띠지 않을 뿐이지 사실상 물 분자를 이루는 산소나 수소 원자처럼 극성을 띠는 물질이 존재한다. 그 대표적인 예가 계면활성제에 부가되는 에틸렌옥사이드ethylene oxide이다.[2] 계면활성제에 부가 된 에틸렌옥사이드의 산소 원자는 음 극성을 가지고 있어 물 분자의 수소 원자와 수소 결합하여 친수성을 띠게 된다(제8장 그림 2 참조).[3] 이런 종류의 계면활성제를 비이온성 계면활성제라 한다.

모든 것을 종합해 볼 때 계면활성제는 반드시 친수성과 소수성 부위를 포함하고 있으며, 이로 인해 물의 표면장력을 파괴(제2장 그림5 참조)하고 기름 성분을 효과적으로 유화(그림2 참조)시켜 계면활성제로서 다양한 기능을 발휘하게 된다.

계면활성제의 유화작용으로 인한 세정과정

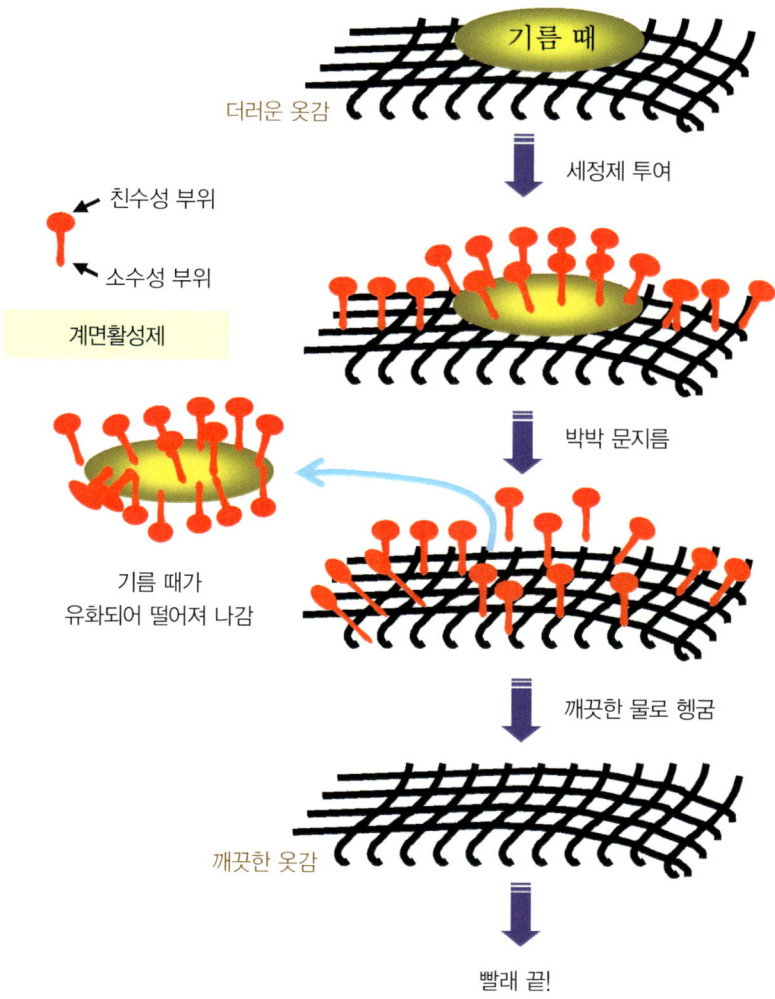

제3장 계면활성제의 화학구조 특징과 종류 | 39

> **그림 2** 옷에 찌든 기름때는 물만으로는 쉽게 세정되지 않는다. 하지만 세정제를 이용할 경우 세정제에 녹아 있는 계면활성제의 소수성 부위는 물을 싫어하는 기름때에 부착되며 이와 반대로 계면활성제의 친수성 부위는 물 분자와 결합하여 기름때가 물속으로 쉽게 떨어져 나간다. 이때 계면활성제의 소수성 부위와 기름이 서로 결합하고 결합된 계면활성제의 친수성 부위로 인해 물에 잘 섞이는 과정을 계면활성제의 유화(乳化)과정이라 한다. 즉, 제2장 그림5에서처럼 계면활성제는 물 표면의 표면장력을 파괴할 수 있는 능력과 계면활성제의 유화능력으로 섬유에 침착되어 있는 기름때를 물로 손쉽게 세정할 수 있다. 실제로 계면활성제는 물의 표면장력 파괴와 유화능력으로 단순한 세정뿐만 아니라 사실상 거의 모든 산업 전 분야에서 약방의 감초처럼 사용되고 있다.

2. 계면활성제 주요 개발 방법: 친수성과 소수성 부위 조작

산업이 고도로 발전하게 됨에 따라 다양한 기능과 고기능성 합성 계면활성제 개발이 요구되었고 이로 인해 많은 종류의 계면활성제가 개발되었다. 개발된 계면활성제의 구조를 비교해 보면 일반적으로 기본적인 친수성과 소수성 부위는 그대로 유지한 채 소수성 부위의 탄소 수를 줄이거나 늘림으로써 또는 탄소 주위에 붙어 있어 수소 대신 큰 구조를 가진 소수성 화학물질을 부가함으로써 다양한 크기의 계면활성제가 개발될 수 있다.[4] 친수성 부위도 마찬가지이다. 사용되는 친수성 부위의 화학물질이나 구조를 변경시킴으로서 새로운 종류의 계면활성제가 합성되었고 특히 앞에서 언급한 에틸렌옥사이드를 이용하여 손쉽게 친수성의 정도를 조절함으로써 다양한 종류의 계면활성제가 개발되었다. 지금은 에틸렌옥사이드가 부가된 다양한 종류의 계면활성제가 약방감초처럼 거의 모든 세정제에 사용되고 있는 실정이며 이는 제11장에서 제15장까지 제시된 각종 세정제의 전성분표에서 쉽게 찾아 볼 수 있다.

3. 피부에 직접 접촉되어 제일 많이 사용되는 합성 계면활성제: 라우릴설페이트 그리고 라우레스설페이트

치약이나 샴푸 등에 제일 많이 사용되는 화학 계면활성제는 라우릴설페이트 또는 라우레스설페이트이다. 그림3에서 보는 바와 같이 라우릴설페이트는 소수성 부위로 라우릴 지방산 그리고 친수성 부위로 황산이 사용되어 합성된 계면활성제이다. 제4장에서 자세하게 다루겠지만 1900년대 초중반에 독일에서 경수 문제를 해결하는 섬유 산업용으로 개발되었다가 미국의 피엔지(P&G) 회사에 의해 1934년 샴푸에 1938년에는 치약에 포함시킨 화학 계면활성제이다. 비누의 고질적인 경수 문제를 해결하기 위해 독일이 개발하였고 미국에 의해 상품화되었다. 그 당시 사용된 라우릴 지방산은 자연에 얻은 유지(예: 코코넛 오일)에서 추출된 것이다. 하지만 제2차 세계대전 이후 석유 추출물인 에틸렌을 중합한 라우릴 지방알콜을 사용하여 대량으로 라우릴설페이트가 생산되기 시작하였다(제8장 그림3 참조). 이 계면활성제의 인체 독성은 초기에는 연구결과의 미비로 잘 알려지지 않았으나 상품화 후 현재까지 이루어진 많은 연구결과로 단백질을 변성하고 세포를 파괴하는 독성이 매우 강한 계면활성제로 학계에서 잘 알려져 있다(제7장 참고 자료 참조). 하지만 라우릴설페이트는 원료 가격이 매우 싸다는 이유로 피부에 직접 접촉되는 세정제로 지금까지 계속 사용되고 있는 실정이다.

세정제로 제일 많이 사용되는 계면활성제

라우릴설페이트 그리고 라우레스설페이트

I. 라우릴설페이트

소수성 부위   친수성 부위

● ; 탄소 원자(C)
○ ; 수소 원자(H)
○ ; 황 원자(S)
● ; 산소 원자(O)

더욱 간단하게 표시한 것

$$C_{12}H_{25}\text{-O-SO}_3^-$$

친수성 향상

II. 라우레스설페이트

$$C_{12}H_{25}\text{-}(OCH_2CH_2)_n\text{-O-SO}_3^-$$

중합된 에틸렌옥사이드

> **그림 3** 샴푸와 같은 세정제에 제일 많이 사용되는 계면활성제는 라우릴설페이트와 라우레스설페이트이다. 라우릴설페이트의 소수성 부위는 코코넛 오일의 라우릴 지방산을 이용하거나 또는 석유를 이용하여 합성된 것도 사용될 수 있다 (제8장 그림3 참조). 친수성 부위는 황산이며 물에 용해되었을 때 음 전기를 띠게 된다. 라우레스설페이트의 경우, 라우릴설페이트의 구조와 동일하나 소수성과 친수성 부위 사이에 친수성인 에틸렌옥사이드가 줄줄이 사탕처럼 중합되어 삽입된 계면활성제이다. 중합의 정도에 따라 n수가 결정된다(제8장 그림2 참조). 라우릴설페이트는 단백질 변성과 세포 파괴를 야기하여 피부장벽과 모낭을 파괴할 수 있는 대표적 계면활성제이며, 라우레스설페이트는 각종 발암물질이 오염되어 백혈병과 유방암을 야기할 수 있는 악명 높은 계면활성제이다. 이들이 이 책의 주제거리이기도 하다.

라우레스설페이트는 라우릴설페이트에 1급 발암물질인 에틸렌옥사이드가 부가되어 친수성이 향상된 계면활성제이다. 라우릴설페이트보다 친수성 향상으로 인해 온도가 낮은 물에서도 잘 용해되는 특성을 가지고 있다. 하지만 부가 후 결합되지 않고 잔존할 수 있는 에틸렌옥사이드로 인해 백혈병이나 유방암과 같은 암 발병 가능성을 가지고 있는 매우 위험한 계면활성제이다. 이는 제8장에서 다시 다루기로 한다.

참고 자료

1. http://en.wikipedia.org/wiki/Surfactant
2. http://en.wikipedia.org/wiki/Ethoxylation
3. Grant D et al., *Phys. Rev. Lett.*, 85, 5583-5586, 2000
4. Rang MJ, J. Korean Ind. Eng. Chem., 20(2), 126-133, 2009

제**4**장

치약과 샴푸의 주요 계면활성제, 라우릴설페이트의 역사

제4장 치약과 샴푸의 주요 계면활성제, 라우릴설페이트의 역사

 우리가 매일 사용하는 치약과 샴푸의 대다수에 계면활성제로 라우릴설페이트가 포함되어 있다. 말도 많고 탈도 많은 라우릴설페이트. 누가 제일 먼저 이 계면활성제를 사용하여 치약과 샴푸를 만들었을까? 우리는 매일 아무 의심 없이 이를 무심코 사용하여 청결을 유지하곤 한다. 미국에서 1861년에 발발한 남북전쟁 중에 링컨 대통령이, 아니면 독일의 아돌프 히틀러가 제2차 세계대전 중 화약의 원료인 동/식물성 유지의 고갈로 비누 확보가 어려워지자 과학자들에게 명령하여 석탄이나 석유를 이용해 라우릴설페이트가 탄생된 것일까? 그 배경이 매우 궁금하다. 여기에서는 역사상 누가 제일 먼저 라우릴설페이트를 개발하였는지, 또 라우릴설페이트를 누가 제일 먼저 치약과 샴푸에 사용하였는지에 대해 알아보기로 하자.

1. 최초의 합성 계면활성제: 독일의 부틸나프탈렌설포네이트

제1차 세계대전 중 독일은 전쟁물자의 고갈과 연합군의 유지 수입 차단으로 인해 비누 원료인 유지가 절대적으로 부족한 상황이었고 섬유산업 목적으로 경수에서도 고기능이 유지되는 계면활성제가 절실히 필요하였다. 이러한 문제점을 해결하기 위해 1916년 독일에서 석탄을 이용하여 최초로 합성 계면활성제를 만들었다. 제3장에서 언급한 바와 같이 계면활성제의 소수성 부위는 자연에서 생산된 유지로부터 얻을 수 있었지만 유지 대신 석탄을 이용하여 합성한 것이다. 그림1에서 보는 바와 같이 탄소 수가 비교적 적은 지방산인 부틸산butyric acid과 친수성 부위인 설폰산 sulfonic acid을 연결하는 나프탈렌을 석탄으로부터 추출하여 부틸나프탈렌설포네이트butyl naphthalene sulfonate(상품명: '네칼Nekal A')라는 최초의 합성 계면활성제가 탄생되었다. 이는 세정제로서의 기능은 떨어졌지만 습윤 기능은 매우 좋아 지금까지 섬유산업에 사용되고 있다.

<u>최초의 합성계면활성제: 부틸나프탈렌설포네이트</u>

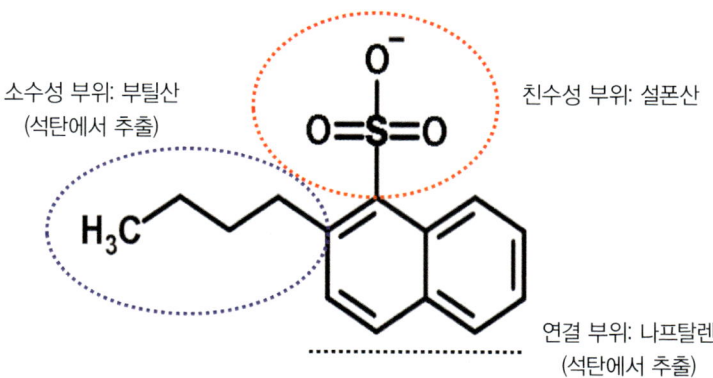

> **그림 1** 제1차 세계대전 중 전쟁물자의 고갈로 인한 유지 부족으로 계면활성제 소수성 부위의 원료가 태부족하였다. 이러한 문제점을 해결하기 위해 1916년 독일에서 탄소수가 비교적 적은 지방산인 부틸산과 친수성 부위인 설폰산을 연결하는 나프탈렌을 석탄으로부터 추출하여 부틸나프탈렌설포네이트라는 최초의 합성 계면활성제가 탄생되었다. 세정제로서 기능은 떨어지지만 습윤제로 기능은 매우 좋아 지금까지 섬유산업에 사용되고 있고 이 부틸나프탈렌설포네이트 구조는 현재 우리가 사용하는 세탁용 세정제의 주요 계면활성제인 알킬벤젠설포네이트 구조의 시조이기도 하다.

부틸나프탈렌설포네이트의 합성 이후 라우릴설페이트를 포함한 다양한 합성 계면활성제가 개발되기 시작하였고 현재 우리가 사용하는 세탁용 세정제의 주요 계면활성제인 알킬벤젠설포네이트(alkyl benzene sulfonate)는 사실상 네칼을 토대로 개발된 것이다. 네칼의 부틸산 대신 탄소 수가 더 많은 알킬 지방산을 이용하였고 나프탈렌 대신 벤젠을 이용하여 친수성 부위인 설폰산을 연결시켰기 때문이다.[1]

2. 미국의 피엔지 회사:
치약과 샴푸에 세계 최초로 라우릴설페이트를 사용한 회사

치약과 샴푸에 계면활성제로 라우릴설페이트를 세계 최초로 사용하여 시판한 곳은 미국의 피엔지(P&G) 회사이다. 1933년 이 회사에서 처음으로 라우릴설페이트가 함유된 세탁용 합성세제 '드레프트(Dreft)'가 개발되었고 그 이듬해인 1934년에는 처음으로 라우릴설페이트가 함유된 샴푸 '드렌Drene'이 개발되었다.[2] 그 이후 1938년에는 라우릴설페이트가 함유된 치약 '틸Teel'이 개발되었다.[3] 이때 라우릴설페이트가 함유된 또 하나의 치약인 '펩소덴트Pepsodent' 치약이 펩소덴트 회사에 의해 개발된 상태였다.[4] 이 회사는 피엔지 회사의 틸 치약에 대한 시장 반응을 보고 난 후 제품을 출시하기 위해 기다리고 있었다. 틸 치약이 시장에서 좋은 반응을 보이자 펩소덴트 치약도 시장에 출시되었고 펩소덴트 치약에 함유된 라우릴설페이트를 '이리움Irium'이라 명명하고 이리움의 기능을 대대적으로 선전함으로써 1950년대 초반 불소가 함유된 '콜게이트' 치약 등이 나오기까지 매우 많은 인기를 누렸다.[5] 지금은 중저가 치약으로 아직까지 유니레버Unilever 회사를 통해 일부 국가에서 시판되고 있는 것으로 알려져 있다.

이러한 사실들을 종합해 볼 때 2014년 현재까지도 우리나라는 물론 전 세계적으로 대다수 치약이나 샴푸에 말도 많고 탈도 많은 라우릴설페이트가 계면활성제로서 위생과 청결 유지에 사용되고 있는데 이것은 미국 피엔지 회사에서 1934년에 제일 처음 상품화되어 시작되었다고 판단해 볼 수 있다.

라우릴설페이트 개발과 상품화 역사

> **그림 2** 독일이 제일 먼저 라우릴설페이트를 합성하였지만 독일은 주로 섬유산업에 이용되는 계면활성제에 관심이 많았고, 이에 반해 미국의 피엔지 회사는 경수에도 효과가 좋은 가정용 계면활성제 개발에 더욱 관심이 많았다. 이 때문에 독일이 먼저 라우릴설페이트를 개발하였지만 독일보다 미국이 라우릴설페이트를 가정용 세정제에 먼저 적용한 계기가 되었다. 라우릴설페이트가 포함되어 지금까지도 우리가 사용하고 있는 치약이나 샴푸의 시조이기도 하다.

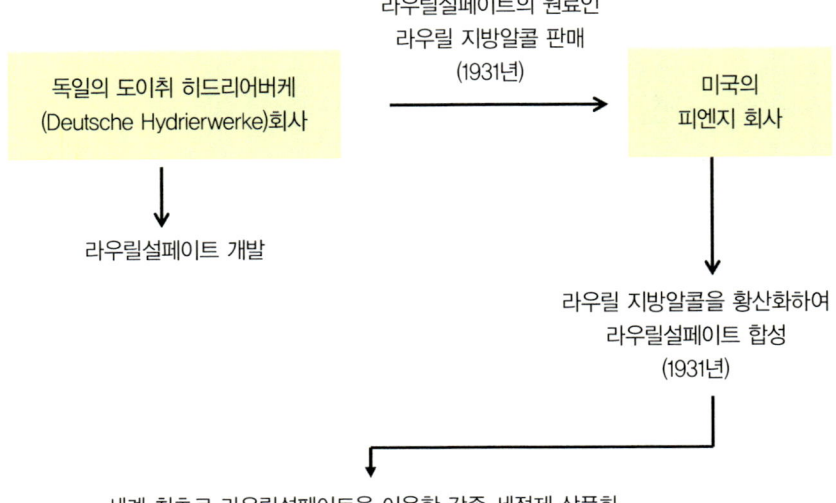

3. 라우릴설페이트 개발 역사와 치약과 샴푸에 사용하게 된 경위[2, 6, 7]

사실상 라우릴설페이트는 치약이나 샴푸에 사용하기 위해 개발된 것은 아니다. 미국에서도 경수로 인해 세탁에 많은 문제가 야기되고 있었다. 이 문제를 해결하기 위해 미국 피엔지 회사는 독일이 섬유산업용으로 개발한 라우릴설페이트를 재빠르게 가정 세탁용 계면활성제로 상품화하였고 그 이후 치약과 샴푸에도 라우릴설페이트를 첨가하기 시작하였다. 여기에서는 라우릴설페이트 개발 역사와 치약과 샴푸에 사용하게 된 경위에 대해 살펴보기로 하자.

라우릴설페이트를 상품화한 최초 제품들

'드렌' 샴푸

'틸' 치약

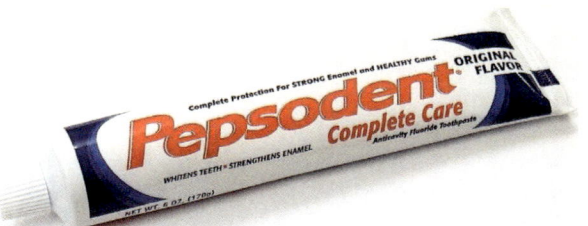

'펩소덴트' 치약

> **그림 3** 미국의 피엔지 회사가 라우릴설페이트를 이용하여 개발한 '드렌' 샴푸와 '틸' 치약. 디자인이 매우 고풍스럽다. 이때 라우릴설페이트가 함유된 또 하나의 치약인 '펩소덴트' 치약이 '펩소덴트' 회사에 의해 개발된 상태였다. 이 회사는 피엔지 회사의 '틸' 치약에 대한 시장 반응을 보고 난 후 제품을 출시하기 위해 기다리고 있었다.

1900년대 초반만 하더라도 전 세계적으로 세탁, 샴푸 그리고 치약의 계면활성제는 모두 비누가 사용되었다. 이 중에서 특히 경수로 세탁할 경우 경수에 포함되어 있는 칼슘과 마그네슘 금속이온 때문에 비누는 쉽게 침전되어 하얀 때를 형성하였고 이로 인해 세탁한 후에도 세탁물에 하얗게 침착되곤 하였다. 이것이 큰 골칫거리였다. 그 당시 피엔지 회사는 미국에서 비누회사로 매우 큰 회사였고 이 문제를 풀기 위해 고심하였지만 뾰족한 수를 아직 찾지 못하고 있는 상황이었다. 한편 대서양 저 건너 쪽 유럽, 특히 독일에서는 1916년 최초로 네칼이라는 합성 계면활성제를 개발하여 경수를 이용한 섬유산업에 이미 사용하고 있었다. 그러던 중 피엔지 회사에서 비누제작 공정 기사로 근무하던 로버트 던칸Robert Duncan은 아이디어를 얻기 위해 1931년 4월 독일로 건너가기에 이르렀고, 그는 제일 먼저 I.G. Farben 회사 연구소를 방문하게 되었다. 이 회사는 네칼보다 더 좋은 기능을 가진 합성 계면활성제를 개발할 목적으로 그 당시 도살된 동물 쓸개즙에서 천연세제(타우린염)를 추출하고 화학구조를 규명하여 '이게폰Igepon'이라는 타우린염을 합성한 후 합성 계면활성제로 사용하고 있는 중이었다. 로버트 던칸은 이 회사로부터 이게폰의 장단점에 대해 듣게 된다. 즉, 이게폰은 염색에 매우 좋은 습윤제이며 특히 경수에도 기능이 좋은 계면활성제이지만 만들기가 까다롭고 비싸며 가정용으로는 적합하지 않을 것이라는 평이었다.

가정용에 관심이 많았던 로버트 던칸은 이에 낙담하지 하지 않고 두 번째 방문회사인 Deutsche Hydrierwerke 회사에서 매우 중요한 정보를 얻게 된다. 즉, 이 회사가 I.G. Farben 회사가 합성한 이게폰에 대적할 수 있는 계면활성제를 개발하였고 이를 위해 코코넛 오일에서 추출한 지방산을 수소화하여 지방알콜을 만든 다음 황산화하여 합성세제를 만들 계획이며 현재 지방알콜(주성분: 라우릴 지방알콜)은 이미 확보되어 있는 상황이라는 것이었다. 이 회사 역시 가정용(세정제)보다는 섬유 산업용 계면활성제(습윤제 등)에 관심이 있었다. 경수에도 품질이 좋은 가정용 합성세제를 만들 수 있을 것이라 생각하였던 로버트 던칸은 구매 의사를 밝혔다. 회사는 큰 우려를 하지 않고 선뜻 100킬로그램의 지방알콜을 판매하였다. 여기서 만약 필자가 그 회사에 고용되었고 로버트 던칸과 면담하였더라면 그 물질을 판매하지 않았을 것이다. 그 이유는 그 물질의 이용 가능성이 무한할 수 있었기 때문이다. 만약 그때 로버트 던칸에게 지방알콜이 판매되지 않았더라면 현재 사용되는 치약이나 샴푸에 라우릴설페이트가 포함되지 않았을 수도 있었다는 생각을 해 보기도 한다.

로버트 던칸은 지방알콜을 구매한 후 미국 오하이오주 신시내티 Cincinnati에 있는 피엔지 회사 연구소에 속달로 보내고 피엔지 회사의 연구진은 이 지방알콜을 황산화하여 새로운 계면활성제를 탄생시킨다. 즉, 소수성 부위는 독일에서 구입한 지방알콜의 지방산(주성분: 라우릴 지방산)이었고 친수성 부위는 황산이었다. 이것이 그 유명한 라우릴설페이트이다. 1931년 7월부터 10월까지 여러 실험을 거친 결과 경수에서도 품질이 좋은 세탁용 합성세제로 상품화할 수 있을 것이라 결론이 내려졌다.

확신이 선 피엔지 회사는 독일의 Deutsche Hydrierwerke 회사와 Boehme Fettchemie 회사와는 지방알콜의 황산화 방법에 대한 특허출원 문제로, 또 미국 Dupont 회사와는 지방알콜 합성에 관한 특허출원 문제로 1932년에 라우릴설페이트 판매 협정을 맺게 된다. 3개 회사와 협정을 성공적으로 마친 후 피엔지 회사는 일사천리로 라우릴설페이트 계면활성제를 상품화하여 가정용 세탁 세제인 '드레프트', 샴푸인 '드렌' 그리고 치약인 '틸'을 만들어 순차적으로 시장에 출시하게 된다.

4. 세탁세제로서 그리고 치약/샴푸의 계면활성제로서 상반된 라우릴설페이트의 운명

미국 서부 영화에서 볼 수 있는 카우보이의 청바지처럼 흙으로 찌들은 매우 더러운 옷은 라우릴설페이트가 포함되어 있는 드레프트 세탁세제로도 세탁하기가 매우 힘들다는 현실적 문제에 봉착하게 된다. 이 때문에 세탁용 합성세제로서 라우릴설페이트는 더욱 개발되어야 했고 세탁세제의 주요 계면활성제로서는 단명하게 된다. 그 이후 피엔지 회사는 앞에서 언급한 화학 계면활성제 알킬벤젠설포네이트를 주요 세탁용 합성세제로 상품화하여 그 유명한 '타이드Tide'를 탄생시켰으며 1946년 시장에 출시한다.[6] 그러나 알킬벤젠설포네이트도 자연에서 생분해가 잘 이루어지지 않아 환경문제를 야기함으로써 단명하게 된다. 그 이후 생분해가 잘 되는 고급 알킬벤젠설포네이트가 개발되어 현재까지 세탁세제의 주요 계면활성제로 군림하고 있다.[1] 이렇게 라우릴설페이트는 그것의 주요 개발 목적인 경수용 세탁세제의 주요 계면활성제로서는 단명하여 고급 알킬벤젠설포네이트에 그 자리를 양보하였지만 놀랍게도 치약이나 샴푸의 계면활성제로서 지금까지 그 명맥을 유지하고 있어 2014년 현재까지도 우리와 매일 접하고 있는 중이다.

5. 피엔지 회사 소개

　라우릴설페이트를 최초로 상품화한 피엔지 회사는 현재 다양한 종류의 제품을 출시하여 우리 주위에서 매우 쉽게 찾아 볼 수 있다. '페브리즈(방취제)', '바운스(섬유유연제)', '질레트(면도기)', '오랄비(칫솔)', '듀라셀(건전지)', '펨퍼스(일회용 기저귀)' 그리고 '크레스트(치약)' 등 이루 말할 수 없이 많은 다양한 제품이 출시되었으며 2012년에는 전 세계적으로 836.8억 불(약 92.1조 원) 매출을 기록한 거대 다국적 회사이다.[8]

　이 회사는 1837년 미국 오하이오주 신시내티에서 양초 제조업자인 윌리엄 프록터William Procter와 비누 제조업자인 제임스 겜블James Gamble에 의해 만들어졌다.[8] 자신들의 이름 이니셜을 따서 '피엔지(P&G)'라는 회사이름을 만들었고 1861년에서 65년까지 미국에서 벌어진 남북전쟁 동안 북군에게 비누와 양초를 군납하여 많은 돈을 벌었다. 이후 1870년대에 미국에서 석유개발로 인해 양초산업이 쇠퇴하기 시작하였고 이로 인해 비누산업에 더욱 많은 역량을 두기 시작하였다. 아직도 우리의 사랑을 받고 있는 '아이보리Ivory' 비누는 이때 개발되었다. 물에 둥둥 뜨는 아이보리 비누는 비교적 가격도 저렴하고 코코넛유와 팜유인 식물성 유지로 만들어 대성공을 거두었다. 이로 인해 피엔지 회사는 단숨에 대기업 반열에 입성하게 되었고 그 이후 1930년대와 40년대에 드레프트와 타이드 합성세제 개발로 또 한 번의 대변혁을 맞게 되었다. 합성세제 개발과 시판은 피엔지 회사에 매우 큰 의미가 있었다. 단순한 원료배합으로 비누를 만들기보다는 기술을 이용하여 새로운 제품을 만들어 낼 수 있다는 자신감을 얻는 계기가 된 것이다. 이를 바탕으로 지금까지 끊임없는 기술혁신을 통해 조그만 양초와 비누회사로 시작하여 지금은 300개 이상의 다양한 브랜드를 가지고 세계적인 판매망을 확보하고 있는 거대 다국적 기업으로 변모하였다.

참고 자료

1. http://en.wikipedia.org/wiki/Sodium_dodecylbenzenesulfonate
2. http://acswebcontent.acs.org/landmarks/landmarks/tide/duncan.html
3. Rising Tide: Lessons from 165 Years of Brand Building at Procter & Gamble, Dyer D et al., Harvard Business School Press, 2004
4. America Brushes Up: The Use and Marketing of Toothpaste and Toothbrushes in the Twentieth Century, Segrave K, McFarland & Company, 2010
5. http://en.wikipedia.org/wiki/Irium
6. http://acswebcontent.acs.org/landmarks/landmarks/tide/history.html
7. http://www.acscincinnati.org/cintacs/images/vol44/vol44no2.pdf
8. http://en.wikipedia.org/wiki/P%26G

제5장

단백질 변성과
세포 파괴를 야기하는
라우릴설페이트

 단백질 변성과 세포 파괴를 야기하는 라우릴설페이트

　필자는 군 복무 중 4.2인치 박격포 사격지휘소에서 계산병으로 근무하였다. 적군의 위치를 파악하는 전방관측병으로부터 적의 위치정보를 입수하여 박격포 사격에 필요한 사격제원을 계산한 다음 포수에게 그 정보를 제공하는 것이다. 직사 화기가 아닌 곡사 화기의 전형적인 사격절차이다. 요즘은 이 과정이 컴퓨터를 통해 자동으로 진행되지 않을까 추측해 본다. 그림1에서 보는 바와 같이 4.2인치 박격포는 육군 보병에서 가장 큰 박격포였고 포가 워낙 커 훈련 때는 차에 탑재하여 훈련하곤 하였다. 물론 필자도 차에 탑재(?!)되어 보병이었지만 행군하지 않고 편안하게 훈련하였다. 이 박격포는 6·25 전쟁에도 사용되었고 월남전에서도 사용되었다고 한다. 군 복무 중 누군가가 월남전에서 사용된 이 박격포에 대한 에피소드를 들려준 기억이 있다. 월남전에서 4.2인치 박격포가 매우 많이 사용되었으며 때때로 많은 포탄 발사로 인해 발생된 열로 포신이 엿가락처럼 휘어져 사용할 수 없을 정도였다는 것이다. 그 정도로 전쟁 상황이 급박하였던 것이다. 포신이 정말로 녹아 내렸는지에 대한 사실 여부를 확인할 수는 없었지만 필자가 군 복무 시 다행스럽게도 포신이 녹아내린 경우는 한 번도 없었다.

여기서 필자가 전하고 싶은 것은 열에 의해 엿가락처럼 휘어진 포신이다. 포신은 박격포탄이 포로 들어가 발화된 다음 적군 방향으로 다시 발사되는 통로이므로 박격포의 포신이 엿가락처럼 휘어졌을 경우 더 이상 박격포로서 제구실을 할 수 없다. 포신을 구성하는 쇳덩어리는 그대로 존재하지만 포신의 구조가 열에 의해 변성되었기 때문이다. 2001년 미국 뉴욕 9·11테러 때에도 쌍둥이 빌딩이 주저앉은 이유 역시 빌딩을 지지하는 철근이 열로 인해 녹아 내려 제구실을 하지 못하였기 때문이라 한다. 즉, 철근이 열에 의해 변성되어 버린 것이다. 또 이런 변성도 있다. 계란을 프라이할 때 흰자가 하얗게 변하는데(그림1 참조) 이것 역시 열에 의해 계란 흰자의 주성분인 단백질이 변성되기 때문에 생기는 현상이다.

단백질 변성

4.2인치 박격포 발사 순간

열을 가하기 전 계란

열을 가한 후 계란

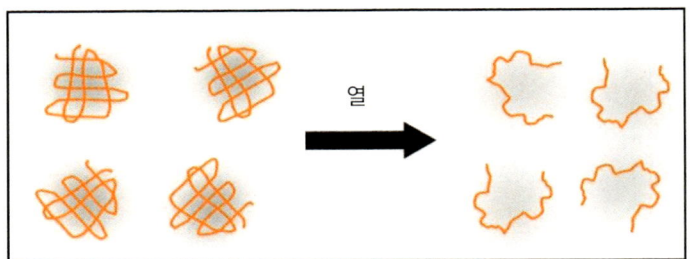

열에 의한 변성 전후의 단백질 모습

그림 1 월남전에서는 4.2인치 박격포가 매우 많이 사용되었으며 때때로 많은 포탄 발사로 인해 발생된 열로 포신이 엿가락처럼 휘어져 사용할 수 없을 정도였다고 한다. 포신을 구성하는 쇳덩어리는 그대로 존재하지만 포신의 구조가 열에 의해 변성되었기 때문에 더 이상 박격포로서 제구실을 할 수 없다. 또 이런 변성도 있다. 계란을 프라이할 때 흰자가 하얗게 변한다. 이것 역시 열에 의해 계란 흰자의 주성분인 단백질이 변성되기 때문에 생기는 현상이다. 단백질 변성은 단백질 구조가 엿가락처럼 늘어나는 것을 의미한다. 변성된 박격포 포신처럼 단백질 변성은 단백질 기능 상실을 의미한다.

여기서 변성이라 함은 일반적으로 어느 특정 물질의 모양과 성질이 물리적 또는 화학적 영향으로 변하는 현상을 의미한다. 즉, 4.2인치 박격포의 포신이나 쌍둥이빌딩을 지지해 주는 철근 그리고 계란 흰자의 단백질은 열이라는 물리적 영향 때문에 변성된 것이다.

1. 단백질 변성은 단백질 기능 상실을 의미하고 최악의 경우 생명의 위협을 초래할 수 있다

　우리 생명을 유지하는 데 가장 중요한 기본물질은 단백질, 지방 그리고 탄수화물이지만 그중 단백질이 제일 으뜸이라 할 수 있다. 단백질은 근육의 형태로 우리에게 운동능력을 부여하거나 효소로서 생체 내에서 일어나는 모든 생화학 반응을 조절하는 촉매작용도 한다. 소화도 소화효소 단백질에 의한 일종의 생화학 반응이라 볼 수 있다.
　예를 하나 더 들어보자. 산소는 생명유지에 절대적으로 필요하다. 산소를 허파로부터 각 기관에 운반하고 이산화탄소를 허파로 운반하는 단백질이 그림2에서 보는 바와 같이 혈액세포인 적혈구의 헤모글로빈 단백질이다. 단백질 구조가 매우 복잡하게 되어있지만 이 구조는 산소와 이산화탄소를 결합할 수 있는 헴heme을 잘 지지해 줄 수 있는 구조로 되어 있다.[1] 만약 헤모글로빈 단백질이 계란 흰자처럼 열이나 화학물질에 의해 변성된다면 뉴욕 쌍둥이 빌딩의 녹아내린 철근처럼 변성되어 헴을 유지해주지 못한다. 그렇게 된다면 산소와 이산화탄소 운반 역할을 제대로 하지 못하여 생명에 치명적일 수 있다. 따라서 단백질 변성은 단백질 기능 상실을 의미하고 때에 따라 이는 곧 생명의 위협을 초래할 수 있음을 의미한다.

헤모글로빈 단백질과 헴 구조

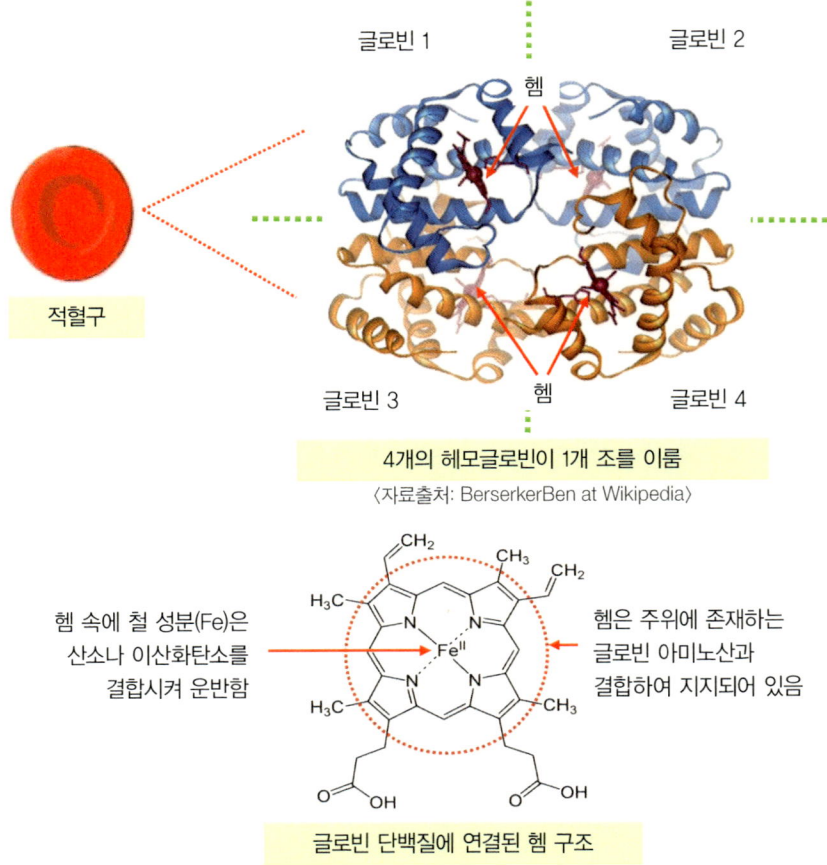

〈자료출처: BerserkerBen at Wikipedia〉

글로빈 단백질에 연결된 헴 구조

🧪 **그림 2** 헤모글로빈은 산소와 이산화탄소를 운반하는 헴과 그것을 지지해 주는 글로빈 단백질로 이루어져 있으며 헤모글로빈 4개가 한 조를 이루어 임무를 수행한다. 적혈구 속에 존재하며 만약 글로빈 단백질이 변성되면 헴을 올바르게 지지해 주지 못해 헴은 산소와 이산화탄소를 운반할 수 없어 생명의 위협을 초래할 수 있다. 헴의 철 성분 때문에 피가 빨간색을 띠며 임산부가 조혈작용을 강화하기 위해 철분을 섭취하는 주요 이유가 바로 이 헴의 철 성분을 제공하기 위해서이다.

2. 라우릴설페이트에 의한 단백질 변성

　샴푸와 같이 매일 사용하는 세정제에 많은 종류의 화학물질이 포함되어 있어 사용할 때마다 우리 피부에 직접 접촉하게 된다. 만약 그 속에 단백질을 변성시키는 화학물질이 포함되어 있다면 심각하지 않을 수 없다. 피부 제일 바깥쪽에는 우리 몸을 외부환경으로부터 방어하는 피부방어벽이 존재하며 이는 케라틴 단백질과 다양한 종류의 지방질로 이루어져 있다. 이들로 구성된 피부방어벽은 외부환경으로부터 각종 병원균과 유해물질을 차단해 주는 중요한 역할을 하며 반대로 몸 안쪽으로부터 수분유출을 효과적으로 차단하여 건강한 피부를 유지하여 준다. 따라서 만약 피부에 노출되는 화학물질로 인해 피부장벽이 파괴된다면 많은 문제가 야기될 수 있다.

라우릴설페이트에 의한 단백질 변성

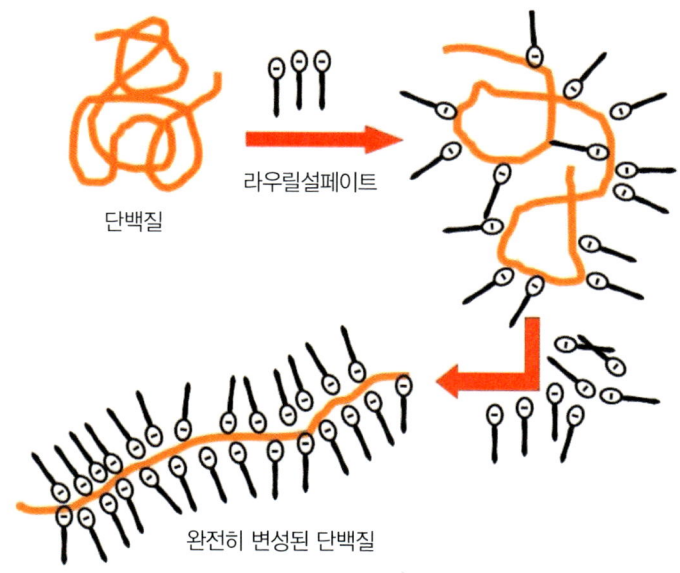

> **그림 3** 라우릴설페이트는 단백질에 결합하여 변성시킨다. 제일 먼저 음전하를 띤 친수성 부위의 라우릴설페이트가 양전하를 띤 단백질 아미노산 부위에 결합된다. 일단 단백질에 결합된 라우릴설페이트는 자신의 친수성 부위의 음전하를 이용하여 서로 밀어낸다. 이러한 과정을 통해 입체구조를 띠고 있는 단백질은 단순한 띠 형태로 변성되어 결국 그 기능을 잃어버리게 된다. 라우릴설페이트가 독성이 강한 이유 중 하나는 바로 이 단백질 변성 능력 때문이다.

실제로 대다수 샴푸에 다량으로 포함되어 있으며 또 우리 피부와 두피에 직접 접촉되는 라우릴설페이트는 화학적으로 단백질을 변성하는 매우 나쁜 성질을 가지고 있다.[2] 단백질을 변성시키는 또 하나의 악명 높은 계면활성제는 DTAB dodecyl trimethyl ammonium bromide이지만 다행스럽게도 우리 피부에 접촉되는 세정제에 사용되지 않고 있다.[3] 라우릴설페이트가 단백질을 변성시킨다는 사실은 학계에서 완전히 정립되어 있으며 라우릴설페이트 1개가 단백질의 기본 구성 성분인 아미노산 2개에 결합된다고 밝혀졌다.[4] 그림3에서 3차원 구조를 이루고 있는 단백질에 라우릴설페이트가 결합하여 단백질이 변성되는 과정을 간단하게 도시하였다. 라우릴설페이트에 의한 단백질 변성 기전에 대해 아직 정설이 존재하지 않지만 그중 한 모델에 대해 간단하게 알아보기로 하자.[5] 제일 먼저 음전하를 띤 친수성 부위의 라우릴설페이트가 양전하를 띤 단백질 아미노산 부위에 결합된다. 일단 단백질에 결합된 라우릴설페이트는 자신의 친수성 부위의 음전하를 이용하여 서로 밀어낸다. 이러한 과정을 통해 3차원적인 입체구조를 띠고 있는 단백질은 단순한 띠 모양의 단백질로 변성되어 결국 그 기능을 잃어버리게 된다. 지방을 녹이는 성질과 단백질을 변성시키는 성질로 말미암아 라우릴설페이트는 피부장벽과 모낭을 파괴하여 많은 문제를 야기할 수 있다. 제7장에서 깊게 토론하여 보자.

3. 라우릴설페이트에 의한 세포 파괴

세포는 생명의 기본 단위이다. 세포가 파괴된다면 최악의 경우 생명을 잃을 수 있다. 예로 허파에 존재하여 호흡에 중요한 역할을 하는 호흡상피세포type I pneumocyte(제6장 그림4에 제시된 물고기 아가미 라멜라 상피세포와 상응하는 세포)이다.[6] 파괴되면 호흡곤란으로 생명을 잃을 수 있기 때문이다. 이러한 세포는 그림4에서 보는 바와 같이 세포의 울타리 역할을 하는 세포막으로 쌓여져 있으며 이 세포막은 다양한 종류의 단백질과 지방질(예: 인지질, 콜레스테롤 등)로 이루어져 있다. 만약 세포막이 파괴된다면 세포 울타리가 파괴되어 세포 안에 존재하는 내용물이 유출되고 곧 죽음에 이르게 된다.

세포의 울타리: 세포막

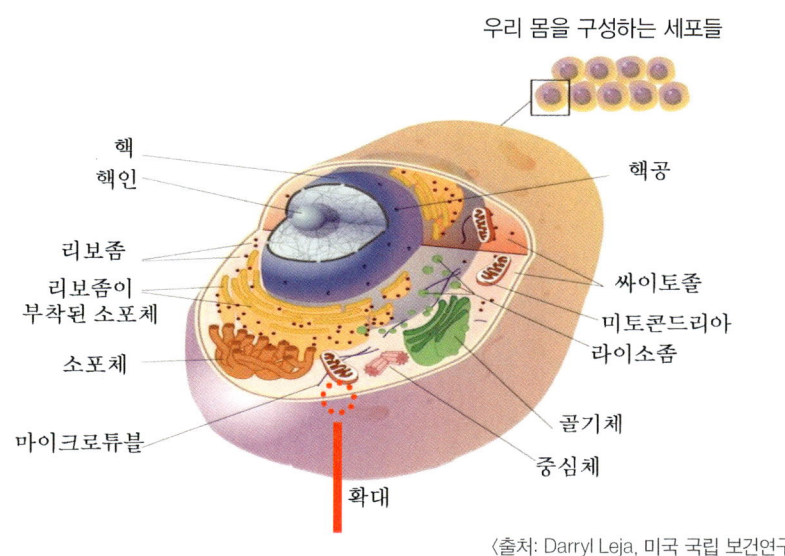

〈출처: Darryl Leja, 미국 국립 보건연구원〉

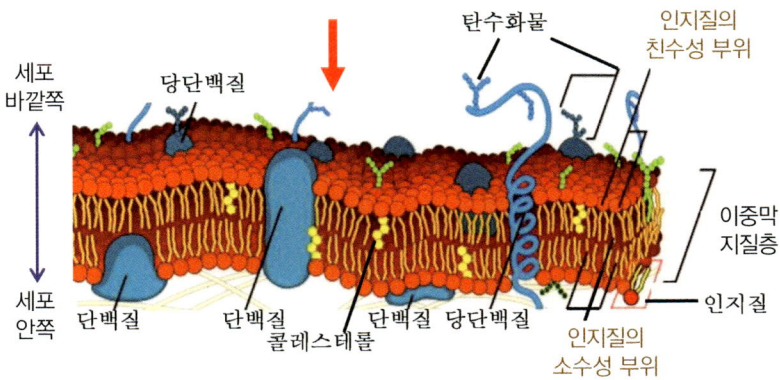

> **그림 4** 세포는 생명의 기본 단위이며 세포의 기능을 수행하기 위해 세포 내 많은 소기관들이 존재한다.[15] 세포의 껍질, 즉 세포의 울타리는 세포막이며 세포 내 모든 소기관을 보호한다. 만약 세포막이 파괴되면 세포 내 소기관이 흘러 나와 세포는 곧 죽게된다. 세포막의 주성분은 단백질과 지방질(예: 인지질)이다. 여기서 지방질은 계면활성제처럼 친수성 부위와 소수성 부위를 가지고 있고 소수성 부위가 서로 맞닿아 그림에 서 보는 바와 같이 이중막을 형성하여 견고한 세포막 역할을 하게 된다.

그림5에서 보는 바와 같이 라우릴설페이트는 매우 낮은 농도에서는 세포의 울타리 격인 세포막에 삽입되어 세포막의 기능을 방해할 수 있다.[7] 이것은 마치 국내에 잠입한 고정간첩과 같다. 만약 라우릴설페이트의 농도가 보다 높을 경우 라우릴설페이트는 세포막에 삽입됨은 물론 더 나아가 세포막에 존재하는 단백질과 세포막을 이루는 지질층을 뜯어내어 세포막을 파괴시킨다.[8, 9] 이로 인해 세포는 파괴되어 죽게 된다. 이 현상은 마치 국내에 많은 고정간첩이 있을 경우 협심하여 물리적으로 사회를 전복하는 것과 마찬가지이다. 매우 무서운 라우릴설페이트의 특성이다. 제4장에서 언급한 바와 같이 피엔지 회사가 라우릴설페이트를 이용하여 1934년에 샴푸를 1938년에는 치약을 상품화하였는데 그 당시에는 이런 사실

을 전혀 알지 못하였다. 그러나 그 이후 실시된 많은 연구 결과를 통해 학계에서는 라우릴설페이트는 단백질을 변성시키고 세포막을 파괴하여 세포를 죽음으로 몰아가는 매우 나쁜 계면활성제로 잘 정립되어 있다. 이 때문에 세포 실험을 실시할 경우 세포 파괴용으로 학계에서 빈번하게 라우릴설페이트를 사용한다.[10] 필자도 세포실험을 실시할 경우 라우릴설페이트를 이용하여 세포막을 파괴한 다음 세포 내용물을 수집하여 실험을 하곤 하였다. 또 박테리아 세포의 세포막도 인간세포의 그것과 매우 유사하기 때문에 박테리아 세포를 파괴할 경우에도 라우릴설페이트를 사용하였다. 제6장에서 자세하게 다루겠지만 0.0015% 라우릴설페이트 농도에서 물고기가 채 30분도 버티지 못하고 급사하게 된다. 이 농도는 샴푸의 경우 라우릴설페이트가 약 10~20% 포함되었다고 가정하였을 때 샴푸의 라우릴설페이트 농도보다 65,000~130,000배 더 낮은 농도이다. 이렇게 매우 낮은 농도임에도 불구하고 물고기가 30분도 버티지 못하고 급사하였다는 것은 라우릴설페이트가 매우 강한 독성을 지니고 있다는 것을 상징적으로 보여 주는 좋은 연구 예이다.

라우릴설페이트에 의한 세포막 파괴

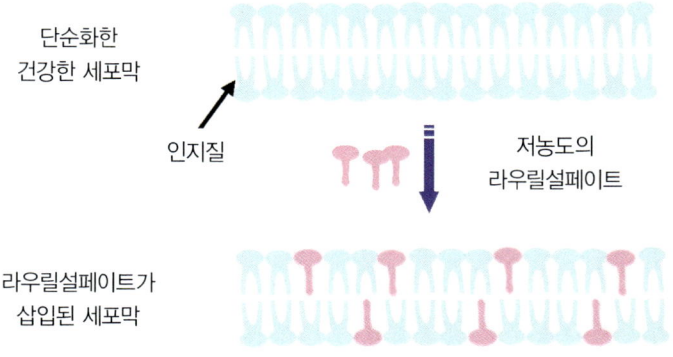

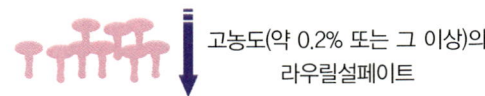
고농도(약 0.2% 또는 그 이상)의 라우릴설페이트

라우릴설페이트가 삽입된 세포막

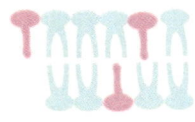

라우릴설페이트와 세포막의 인지질과 서로 뒤섞여 떨어져 나감

이로 인해 세포가 파괴됨

 그림 5 라우릴설페이트는 매우 낮은 농도에서 세포의 울타리인 세포막에 삽입될 수 있고 만약 농도가 높을 경우 세포막에 삽입됨은 물론 세포막을 이루는 지질층을 뜯어내어 세포막을 파괴시킨다. 결국 세포는 파괴되어 죽게 된다. 라우릴설페이트가 독성이 강하다고 말하는 또 하나의 이유는 바로 이 세포막 파괴 능력 때문이다.

4. 라우릴설페이트의 또 다른 이름: 코코설페이트

　코코넛 오일은 여러 종류의 지방산으로 이루어져 있다. 그중 반을 차지하는 지방산은 라우릴 지방산이다. 이 지방산을 정제하여 황산화하면 라우릴설페이트가 생성되고 정제하지 않고 모든 코코넛 오일의 지방산을 황산화하면 코코설페이트가 생성된다. 여기서 코코넛 오일의 지방산 반은 라우릴 지방산이 차지하고 있기 때문에 코코설페이트를 실제로 라우릴설페이트라고도 부른다.[2] 즉, 코코설페이트의 반은 라우릴설페이트이기 때문이다. 일반적으로 소듐라우릴설페이트의 나쁜 이미지를 잠식시키는 반면에 세정력은 거의 그대로 유지되기 때문에 소듐코코설페이트를 사용하여 표기하는 경우가 종종 존재하나 사실상 독성 면에서 소듐라우릴설페이트와 동일한 물질로 생각된다.

5. 산모와 영유아의 죽음을 야기한 가습기 살균제 성분과 라우릴설페이트는 뜻을 같이 하는 세포 테러분자!

　2011년부터 2013년 5월까지 가습기 살균제로 인한 피해 의심사례가 400건을 넘어섰고 이 가운데 산모와 영유아를 포함해 사망자가 120여 명에 이르고 있다.[11] 매우 안타까운 일이다. 가습기 살균제로 사용된 물질이 몇 개 발표되었지만 그중 한 가지인 PHMG polyhexamethylene guanidine와 라우릴설페이트와의 상관관계에 대해 알아보기로 하자. PHMG는 살균제 등으로 흔히 사용되는 구아디닌guanidine 계열의 화학물질이며 박테리아 세포막의 인지질에 결합하여 세포막을 파괴함으로서 박테리아를 살상하는 것으로 알려져 있다.[12, 13] 만약 이러한 살균제 성분을 사람이 흡입하였다면 피부장벽이 전혀 없는 호흡상피세포의 세포막 역시 인지질이 포함되어 있기 때문에 PHMG가 호흡상피세포의 세포막을 파괴할 가능성이 다분히 존재한다. 만약 이것이 사실이라면 허파의 세포막 파괴로 인해 세포가 죽을 수밖에 없다. 세포가 죽게 되면 염증이 발생될 수밖에 없고 염증이 발생되면 섬유화(폐섬유증)가 일어날 수밖에 없기 때문에 PHMG의 허파 노출은 곧 허파 호흡에 관여하는 세포 파괴를 통한 폐섬유증 발생으로 결국 허파 기관의 기능 소멸을 의미한다.

만약 라우릴설페이트도 PHMG처럼 가습기에 넣어 흡입하면 피부장벽이 전혀 없는 호흡상피세포가 라우릴설페이트에 직접 노출되어 그림5에서 보는 바와 같이 세포막이 파괴되고 결국 폐 기관의 소멸을 야기할 수 있다. 이것을 증명할 수 있는 실험이 제6장에서 토론하는 라우릴설페이트의 어류독성 실험이다. 라우릴설페이트는 호흡을 관장하는 아가미 세포와 조직을 파괴하여 물고기를 급사시킨다.

실제로 살균제로도 일부 사용되고 있는 라우릴설페이트는 다행히 가습기 살균제로 사용되지 않고 있고 흡입독성 자료도 존재하기 때문에 가습기 살균제로 사용되지 않아 매우 다행스러운 일이다. 하지만 매일매일 피부와 모낭에 직접 접촉되는 라우릴설페이트는 어떤 식으로든 피부와 모낭을 파괴하기 위해 기회를 호시탐탐 노리는 테러분자임을 반드시 명심해야 한다.[14] 특히 피부가 민감하거나 장기적 노출로 인해 부실화된 피부장벽 또는 홍반과 가려움증을 동반하는 염증소견이 있는 피부의 경우 라우릴설페이트는 쉽게 피부에 침투될 수 있어 세포를 파괴할 수 있을 뿐만 아니라 각종 단백질을 변성시켜 9·11테러의 쌍둥이 빌딩처럼 피부와 두피 등에 많은 문제를 야기할 수 있다. 더 나아가 모낭 속으로 스며든 라우릴설페이트는 머리카락 세포 또는 모낭의 벌지구역에 존재하는 머리카락 세포의 줄기세포를 파괴하여 머리카락이 가늘어지고 심하면 탈모를 야기할 수 있다.[15] 이 가능성에 대해 제7장에서 더 자세하게 토론하여 보자.

참고 자료

1. http://en.wikipedia.org/wiki/Heme
2. http://en.wikipedia.org/wiki/Sodium_dodecyl_sulfate
3. Ariaeenejad S et al., *Int. J. Biol. Macromol.*, 53, 107–13, 2013
4. Reynolds JA et al., *Proc. Natl. Acad. Sci. USA*, 66, 1002–1007, 1970
5. Deo N et al., *Langmuir*, 19, 5083–5088, 2003
6. http://en.wikipedia.org/wiki/Alveoli
7. Heerklotz H et al., *Q. Rev. Biophys.*, 41(3–4), 205–64, 2008
8. Jones MN, *Int. J. Pharm.*, 177(2), 137–59, 1999
9. le Maire M et al., *Biochim. Biophys. Acta.*, 1508(1–2), 86–111, 2000
10. http://en.wikipedia.org/wiki/Cell_disruption
11. 환경보건시민센터에서 2013년 05월 20일 발표한 "가습기살균제 청문회" 요구 수용을 촉구하는 성명서 참조
12. Siedenbiedel F et al., *Polymers*, 4, 46–71, 2012
13. Qian L et al., *Polymer*, 49, 2471–2475, 2008
14. Wilhelm KP et al., *J. Am. Acad. Dermatol.*, 31(6), 981–7, 1994
15. 탈모 발모 머리카락 세포, 박철원, 북랩, 2013

제6장

물고기의 아가미 조직과 세포를 파괴하는 라우릴설페이트

 물고기의 아가미 조직과 세포를 파괴하는 라우릴설페이트

  MBC 또는 KBS 공중파 방송에서 합성세제의 위험성을 보여 주기 위해 보여주는 실험 중 하나가 금붕어 실험이다. 즉, 금붕어가 살고 있는 어항 속에 합성세제 또는 천연세제를 첨가하고 금붕어의 상태를 보여 주는 것이다. 천연세제가 첨가된 어항의 금붕어는 활기차게 헤엄치며 돌아다니지만 합성세제가 첨가된 어항의 금붕어는 수분 이내에 활동을 멈춘다. 매우 드라마틱하다. 이런 상황에서 금붕어가 죽었는지 아니면 합성세제가 신경 독성을 야기하여 금붕어가 움직이지 못하는지는 파악되지 않았지만 만약 죽었다면 매우 경악스런 상황이 아닐 수 없다. 그야말로 급사한 것이기 때문이다. 여기에서는 합성세제가 금붕어에 어떤 영향을 주었는지에 대해 학계에 발표된 연구결과를 토대로 알아보기로 하자.

1. 물고기의 아가미: 호흡을 담당하는 산소와 이산화탄소 교환 조직

그림1에서 보는 바와 같이 일반적으로 물고기는 물을 흡입하고 아가미를 통해 방출함으로서 물속에 녹아 있는 산소를 포집하여 호흡한다.[1] 따라서 아가미에는 매우 낮은 농도의 산소를 포집할 수 있는 기관이 형성되어 있다. 즉, 필라멘트filament와 라멜라lamella이다(그림2 참조). 이 기관은 여러 가지 종류의 세포로 이루어져 있어 물속에 미량으로 녹아 있는 산소를 효율적으로 포집할 수 있다(그림3 및 4 참조).

물고기 허파기관: 아가미

> **그림 1** 물고기는 물을 흡입하고 아가미 뚜껑 안쪽에 존재하는 아가미를 통과시키면서 물에 녹아 있는 미량의 산소를 포집한다. 그 후에 다시 밖으로 방출한다 (자세한 아가미 구조는 그림2 참조).

그림4에서 보는 바와 같이 우리 허파에 존재하는 호흡상피세포가 공기에 직접 노출되어 있는 것과 마찬가지로 물고기 아가미 라멜라 상피세포 역시 물에 직접 노출되어 있다. 외부환경으로부터의 공격을 방어하는 피부장벽이 존재하지 않는다. 모세혈관은 산소와 이산화탄소를 운반하는 단백질인 헤모글로빈이 거주하는 적혈구가 왕래하는 통로이다. 따라서 물 속에 녹아 있는 산소는 물에 직접 노출되어 있는 아가미 라멜라 상피세포를 통과하고 모세혈관을 이루는 혈관 내피세포를 통과하여 적혈구 속에 있는 헤모글로빈에 결합한다. 적혈구는 조직으로 이동하여 산소를 공급한 후에 조직의 노폐물인 이산화탄소를 회수하여 다시 아가미로 이동해 이산화탄소를 방출한 후 다시 산소를 공급받게 된다. 이렇게 아가미는 산소/이산화탄소 가스 교환 이외에도 이온 교환, 산-염기 평형, 대사 후 생긴 질산화합물을 배출하는 것 등 생명유지를 위해 많은 역할을 하는 매우 중요한 기관이다.[2]

2. 합성세제 방출로 인한 어류독성 실험

제2차 세계대전 이후 석유에서 추출한 원료로 합성세제의 대량 생산이 가능해지고 보편화됨에 따라 그 사용량이 급격히 증가하였으며 사용 후 방출된 합성세제는 다량으로 강과 바다로 배출되기 시작하였다. 제4장에서 다룬 바와 같이 피엔지 회사가 초기의 세탁용 합성세제로 사용한 알킬벤젠설포네이트는 자연에서 생분해가 잘 이루어지지 않아 환경오염, 특히 매우 심각한 수질 오염을 야기하였다. 이러한 수질 오염의 심각성을 우려하여 전 세계적으로 다양한 종류의 물고기를 이용한 합성세제 독성연구가 실시되기 시작하였다. 여기서 몇 가지만 소개해 본다.

1976년 영국의 아벨Abel 연구진은 라우릴설페이트가 어류에 미치는 영향을 알아보기 위해 0.012%(120mg/liter) 농도에서 송어Salmo trutta L.에 미치는 영향을 관찰하였다.[3] 송어 아가미의 라멜라 상피세포는 아가미 라멜라에서 떨어지기 시작하였고 0.012% 이상의 농도에서 송어는 1시간도 채 살지 못하였다. 이때 아가미의 라멜라 상피세포는 파괴되었고 그 결과 아가미 조직도 완전히 파괴되었음이 관찰되었다.

1997년 스페인의 카라스코Carrasco 연구진은 라우릴설페이트에 대한 콩팥 독성에 대해서도 관찰하였다.[4] 라우릴설페이트의 농도가 0.0015%(15mg/liter)인 곳에서 도미Sparus aurata, L.는 30분도 채 버티지 못하고 급사하였으며 콩팥 조직을 검사해 본 결과 모두 파괴되었음이 관찰되었다.

아가미 구조

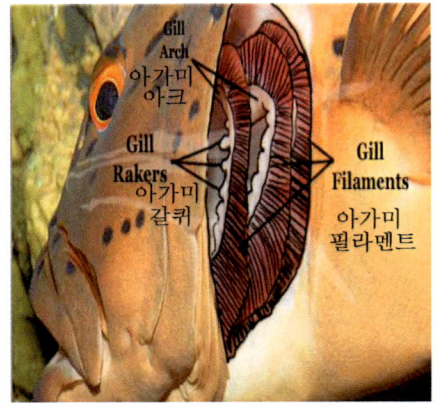

아가미 뚜껑 제거 후 관찰되는 송어 아가미

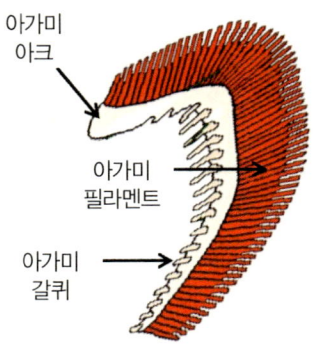

단순화한 아가미 구조

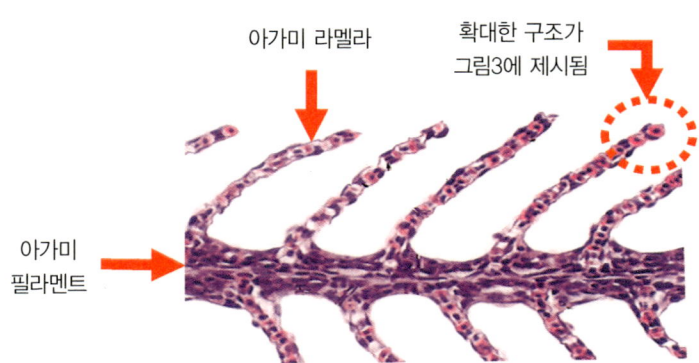

아가미 필라멘트에 부착되어 있는 라멜라
〈자료출처: http://aquaticpath.umd.edu/fhm/resp.html〉

> **그림 2** 송어 아가미이다. 아가미는 우리 고유의 빗인 참빗을 연상시킨다. 아가미의 골격 역할을 하는 아가미 아크, 먹이가 빠져 나가는 것을 방지하는 아가미 갈퀴 그리고 산소 포집에 절대적 역할을 하는 아가미 필라멘트로 이루어져 있으며 아래 그림에서 보는 바와 같이 아가미 라멜라가 부착되어 있다. 흡입한 물은 여러 종류의 세포로 구성된 아가미 필라멘트와 라멜라 사이를 통과하면서 물 속에 녹아있는 미량의 산소를 포집한다.

2001년 스페인의 로세티Rosety 연구진은 0.0006%(6mg/liter)의 라우릴설페이트 용액에 카라스코 연구진이 사용한 동종의 도미 정자세포를 1시간 처리한 후 난자세포와의 수정율을 비교하였다.[5] 라우릴설페이트 용액에 처리 하지 않았을 경우 수정율은 보통 90% 정도였으나 처리한 정자세포는 7%의 매우 낮은 수정율을 보여 주었다. 연구진은 수정율의 급격한 저하 원인에 대해 추가 연구를 하지 않았지만 라우릴설페이트는 아마도 정자세포의 세포막에 악영향을 주었을 것이라 추측하였다.

2008년 이탈리아의 트리페피Tripepi 연구진은 0.00035%(3.5mg/liter)의 라우릴설페이트 용액에 바닷물고기의 일종인 놀래기Thalassoma pavo를 96~192시간 처리한 후 조직검사를 한 결과 아가미 세포와 조직이 파괴됨을 관찰하였다.[6]

이러한 연구결과를 모두 종합해 볼 때 MBC 또는 KBS TV 방송국에서 보여준 금붕어 실험에서 금붕어가 신경독성에 의한 마비증상으로 움직이지 못한 것이 아니라 최소한 아가미 라멜라 상피세포와 조직이 파괴되고 또 콩팥도 파괴되어 급사하지 않았을까 추론해 볼 수 있다. 또 금붕어가 수 분 이내에 급사하였기 때문에 방송국 금붕어 실험에 사용된 합성세제는 아마도 라우릴설페이트일 가능성이 크고 농도 역시 상대적으로 더 높았을 것이라고 생각된다. 앞으로 TV 방송국이 또 다시 금붕어 실험을 보여줄 경우 이번에는 실험 후 부검하여 아가미와 콩팥 조직검사 결과를 보여 준다면 라우릴설페이트의 독성에 대해 시청자가 더 실감할 수 있을 것이다.

3. 라우릴설페이트의 어류 치사 농도와 치약과 샴푸에 사용되는 농도 비교

여기에 소개된 연구에서 사용한 라우릴설페이트 농도에 대해 한번 생각해 보자. 스페인의 카라스코 연구진이 사용한 농도는 0.0015%이었으며 실험에 사용된 도미는 이 용액에서 30분도 채 버티지 못하고 급사하였다. 사실상 0.0015%는 그리 높은 농도가 아니다.

아가미 라멜라 미세구조

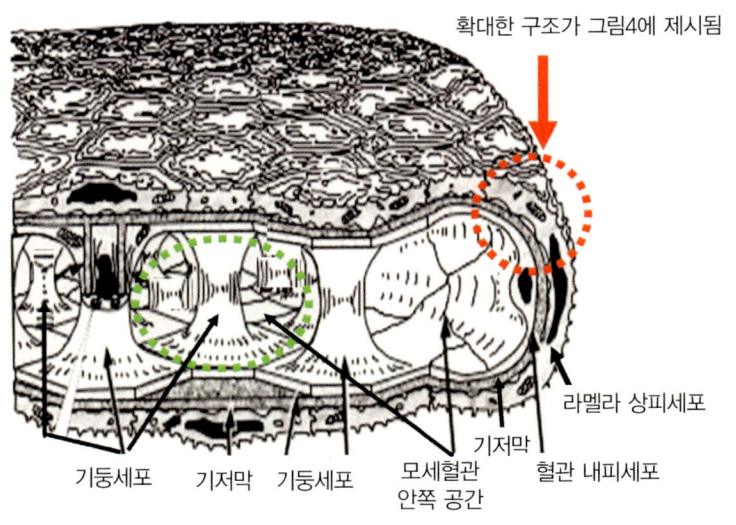

〈자료출처: Evans DH et al., Physiol. Rev. 85(1), 97-177, 2005〉

그림 3 아가미 라멜라를 절단한 후 관찰되는 구조이다. 아가미 라멜라의 겉면에는 라멜라 상피세포가 존재한다. 물과 직접 접촉되는 세포이다. 그 다음 주로 단백질로 이루어진 기저막이 존재하여 세포들을 지지해 주는 역할을 한다. 그 다음 안쪽으로는 모세혈관을 이루는 혈관 내피세포가 관찰되며 모세혈관 공간(연두색 점선 부위)을 확보하기 위해 지지역할을 하는 기둥세포도 관찰된다.

아가미 라멜라에서 이루어지는 산소/이산화탄소 교환

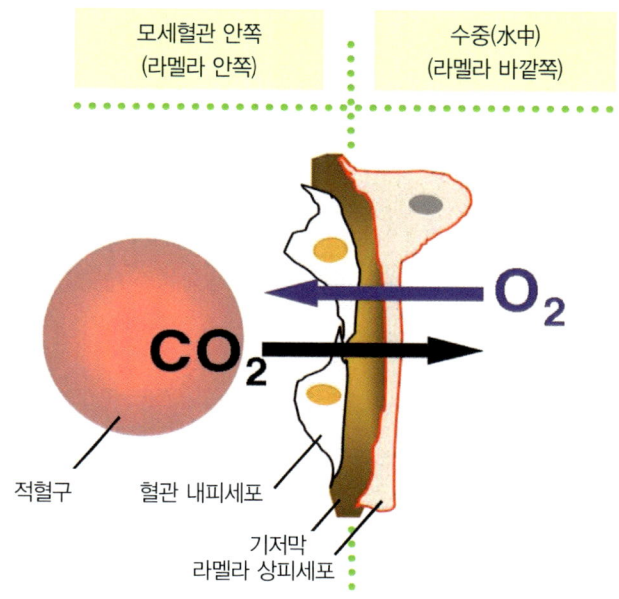

🧪 **그림 4**   물속에 녹아 있는 산소(O2)는 라멜라 상피세포, 기저막, 혈관 내피세포를 통과하여 적혈구에 있는 헤모글로빈 단백질에 도착한다. 조직의 노폐물인 이산화탄소 (CO2)는 그 반대 경로를 통해 배출된다. 만약 물 속에 라우릴설페이트가 녹아 있다면 여기에 노출될 경우 단백질 변성과 세포막 파괴 성질 때문에 라멜라 상피세포, 기저막, 혈관 내피세포 그리고 적혈구 모두 파괴될 가능성이 있다. 실제로 본문에서 언급한 바와 같이 2008년 이탈리아의 트리페피 연구진은 매우 낮은 농도인 0.00035%의 라우릴설페이트가 포함된 물에서 바닷물고기의 일종인 놀래기 아가미 세포와 조직이 파괴되는 것을 관찰하였다.

우리가 매일 사용하는 치약과 샴푸에 포함되어 있는 라우릴설페이트 농도가 얼마쯤 될까? 일반적으로 사용하는 치약의 라우릴설페이트 농도는 약 2% 그리고 샴푸의 경우 약 10~20%라 하였을 때 카라스코 연구진의 도미 치사량 농도보다 치약의 경우 1,300배 그리고 샴푸의 경우 65,000~130,000배 더 높음을 알 수 있다.

우리 주위에는 치약이나 샴푸뿐만 아니라 우리 피부에 직접 노출되는 바디워시 등에 라우릴설페이트가 포함되어 있다. 심지어 영유아용 세정제에도 듬뿍 들어 있는 실정이다. 태어나면서부터 평생 사용되는 세정제에 단백질 변성과 세포 파괴를 야기하는 라우릴설페이트 또는 제8장에서 다룰 1급 발암물질 에틸렌옥사이드 부가로 인해 발암물질 오염 가능성이 있는 라우레스설페이트가 다량 포함되어 있다는 현실은 안타깝기 그지없다. 이 사실에 대해 우리 가족과 이웃은 얼마나 인지하고 있을까? 솔직히 말해 거의 모를 것이라고 생각된다.

라우릴설페이트가 우리 피부나 두피에 노출되었을 경우 피부 표면에 존재하는 피부장벽이 이 독극물의 공격에 대해 어떻게 대처하는지 그리고 유전적인 이유로 피부장벽이 부실하여 잘 대처하지 못한다면 또는 피부가 민감하거나 아토피 증상 또는 가려움증과 홍반을 동반하는 염증이 있을 경우 어떤 결과가 초래될 수 있는지 다음 장에서 토론해 보기로 하자. 두피에는 머리카락이 나오는 상대적으로 큰 모공이 존재한다. 이 모공에는 뚜렷한 피부장벽이 없다. 따라서 라우릴설페이트가 함유된 샴푸를 이용할 경우 모공 안에 노출되어 있는 머리카락 세포와 그 줄기세포에 무엇이 발생될 수 있는지도 살펴보기로 하자.

참고 자료

1. http://en.wikipedia.org/wiki/Gill
2. Evans DH et al., *Physiol. Rev.* 85(1), 97-177, 2005
3. Abel PD, J. Fish Biol., 9(5), 441-446, 1976
4. Rosety M et al., Histol. Histopathol., 12(4), 925-9, 1997
5. Rosety M et al., Histol. Histopathol., 16(3), 839-43, 2001
6. Brunelli E et al., Ecotoxicol. Environ. Saf., 71(2), 436-45, 2008

제**7**장

피부장벽과 모낭을 파괴하는 라우릴설페이트

제7장 피부장벽과 모낭을 파괴하는 라우릴설페이트

 피부는 인체 표면에 존재하여 외부의 유해 물질과 자극에 대한 방어벽 역할과 신체 내부의 수분 손실 방지는 물론 체온 조절, 면역기능, 감각기능 또는 비타민 D 합성 등, 생명 유지에 중요한 생리적 기능을 수행한다. 피부에는 모낭이 존재하여 털을 생산한다.
 이 장에서는 피부에 직접 접촉되어 매일 사용하는 라우릴설페이트가 피부와 모낭에 어떤 영향을 주는지에 대해 알아보기로 하자.

1. 피부의 기본 구조: 상피, 진피 그리고 피하

　피부는 크게 상피, 진피 그리고 피하 지방층으로 구분되며 신체 외부와 내부를 차단해 주는 주요 피부 조직은 상피이다(그림1 참조). 상피는 다시 다양한 종류의 세포로 이루어진 4개 층으로 이루어져 있다(그림2 참조). 상피 제일 아래에서부터 피부 상피를 이루는 세포의 줄기세포가 있는 층으로 기저층stratum basale이 존재하고 이 층에서 초기 피부세포로 분화하여 증식하는 가시층stratum spinosum, 이렇게 증식된 피부세포가 피부장벽을 만들기 위해 준비하는 과립층stratum granulosum 그리고 제일 위층에는 이 세포들이 죽어 피부장벽을 이루고 있는 각질층stratum corneum이 있으며 이 부분은 나중에 피부에서 떨어져 나가는 층이다. 사실상 이 각질층 때문에 신체 내부와 외부가 엄격하게 차단될 수 있다. 만약 각질층이 파괴되면 살아 있는 피부세포가 외부에 노출될 수 있기 때문에 많은 문제가 야기될 수 있다.

피부 구조

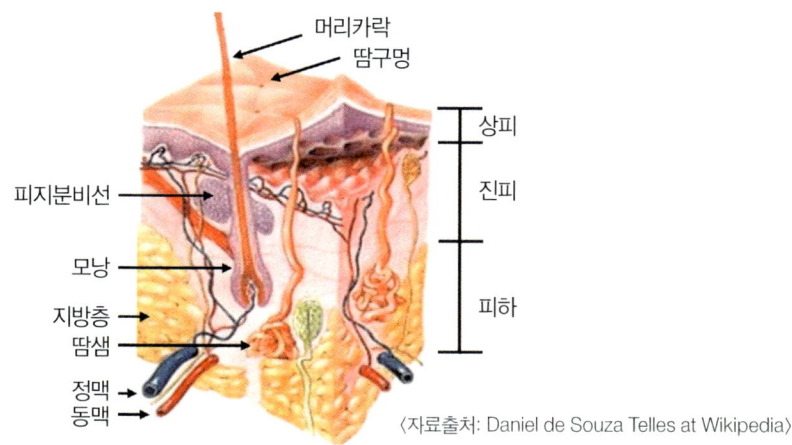

〈자료출처: Daniel de Souza Telles at Wikipedia〉

> **그림 1** 피부는 크게 상피, 진피 그리고 피하 지방층으로 구분되며 신체 외부와 내부를 차단해 주는 주요 피부 조직은 상피이다.

2. 피부 재생시간: 약 4주

피부 상피를 이루는 세포는 기저층에서 출발하여 각질층에도 도달하기까지 약 14일이 소요되며 여기서 약 14일간 더 지내다가 우리 피부에서 떨어져 나가게 된다. 즉, 피부세포는 기저층에서 태어나 피부 상피에서 약 4주 머물다가 떨어져 나가기 때문에 피부가 재생되는 시간은 약 4주라 할 수 있다. 물론 나이와 유전적 차이 등으로 인해 개인 간 차이는 존재할 수 있다.

상피 구조

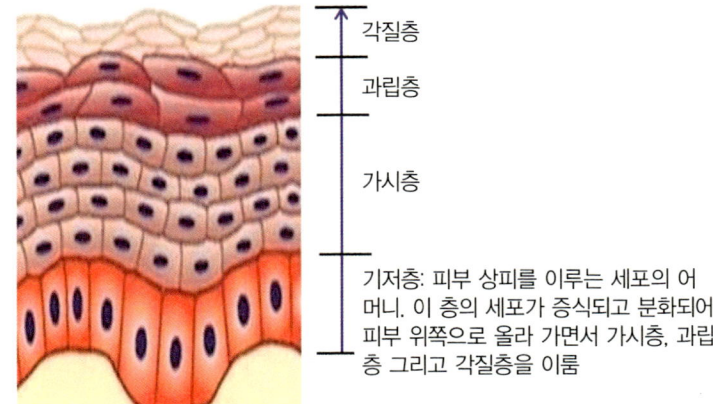

각질층

과립층

가시층

기저층: 피부 상피를 이루는 세포의 어머니. 이 층의 세포가 증식되고 분화되어 피부 위쪽으로 올라 가면서 가시층, 과립층 그리고 각질층을 이룸

> **그림 2**   상피는 4개 층의 세포로 이루어져 있다. 상피 제일 아래에 피부 상피세포의 줄기세포가 존재하는 기저층이 있고 이 층으로부터 초기 피부 상피세포로 분화하여 증식하는 가시층, 이렇게 증식된 피부세포가 더 성숙하여 피부장벽을 만들기 위해 준비하는 과립층 그리고 제일 위층에는 이 세포들이 죽어 피부장벽을 이루고 있는 각질층이 있다. 나중 피부에서 떨어져 나가는 층이다. 사실상 이 각질층 때문에 신체 내부와 외부가 엄격하게 차단될 수 있다. 만약 각질층이 파괴되면 살아 있는 피부세포(과립층, 가시층 그리고 기저층 세포)가 외부에 노출될 수 있기 때문에 많은 문제가 야기될 수 있다.

3. 각질층 기능: 피부장벽

필자는 2011년 성체줄기세포의 중요성에 대해 책을 발간하였다.[1] 이때 피부의 각질층 구조에 대해 토론한 적이 있는데 여기서 간단하게 요약하여 보자. 상피의 각질층은 곧 피부장벽이며 죽은 세포인 각질세포가 10~15층 쌓여 이루어지고 건조되었을 경우 약 15마이크로미터의 두께를 지닌다. 그림3에서 보는 바와 같이 각질세포 안에는 주로 케라틴 단백질이 존재하여 피부장벽의 철근구조 역할을 하며 수분을 끌어당기는 단백질도 존재하여 피부장벽의 유연성을 유지시켜 준다. 또 하나의 피부장벽 특징은 죽은 세포 사이에 다양한 종류의 지방질로 이루어진 지질층이 존재하며 이 층을 자세히 관찰하여 보면 수분층도 존재한다(그림3 참조).[2]

각질세포 주위의 지질층은 각질세포와 더불어 외부로부터 침입하는 물질을 더욱 튼튼하게 막아주며, 한편, 몸 안쪽에 있는 수분 증발을 억제해주는 역할을 한다. 따라서 방어벽 구실을 하는 각질세포와 그 것을 둘러

싸고 있는 지질층과의 관계는 우리 집을 보호하는 담의 구성 재료인 벽돌과 그리고 그 사이를 채워주는 회반죽과 같다. 우리 집 담벼락을 이루고 있는 벽돌과 그들을 서로 지지해 주는 회반죽에 문제가 있다면, 그 담은 쉽게 무너지고, 결국 외부로부터 침입을 허용하게 될 것이다. 이와 마찬가지로, 각질세포와 지질층이 손상된다면, 이는 곧 피부 방어벽의 손상으로 이어져 많은 문제가 야기될 수 있다. 라우릴설페이트는 벽돌과 회반죽, 즉 각질세포와 지질층을 파괴한다.

피부장벽 역할을 하는 각질층 구조

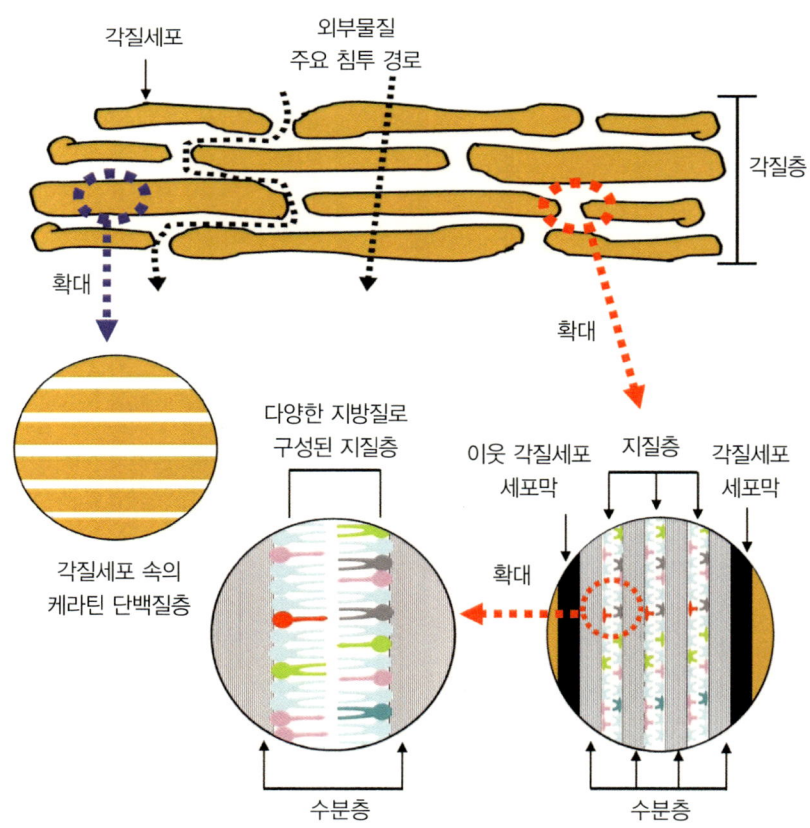

> **그림 3** 상피의 각질층은 곧 피부장벽이며 죽은 세포인 각질세포가 10~15 층 쌓여서 이루어진다. 각질세포 안에는 주로 케라틴 단백질이 존재하여 피부장벽의 철근구조 역할을 한다. 또 하나의 피부장벽 특징은 각질세포 사이에 다양한 종류의 지방질(예: 세라마이드, 콜레스테롤, 지방산 등)로 이루어진 지질층이 존재한다. 여기서 지질층을 자세히 관찰하여 보면 여러 개의 지질층은 물론 수분층도 존재한다.

4. 피부장벽을 파괴하는 라우릴설페이트

물도 오랫동안 접촉하면 피부장벽이 파괴되어 피부 염증을 야기할 수 있다.[3] 하물며 매우 낮은 농도에도 단백질을 변성시키며 지방을 유화시키고 세포를 파괴하는 독성이 매우 강한 라우릴설페이트는 어떻겠는가? 라우릴설페이트는 피부장벽을 구성하는 죽은 세포, 즉 각질세포의 케라틴 단백질을 변성시켜 피부장벽을 파괴하며 각질세포 사이에 존재하는 지질층도 파괴하여 침투한다.[4-10] 이 뿐만 아니다. 피부장벽에 존재하는 수분이 왕래하는 매우 좁은 수분통로를 통하여서도 피부장벽을 무사통과할 수 있다.[11] 이것은 샴푸 중에도 라우릴설페이트가 피부로 더 쉽게 침투될 수 있다는 의미이고 일단 침투되면 말끔히 세정되었다 하더라도 피부 속에 그대로 잔존될 수 있다는 의미이다.[12-14] 침투되는 양은 얼마나 많이 사용하였는지, 얼마나 오랫동안 샴푸했는지 또는 피부장벽이 얼마나 튼튼한지에 따라 서로 다를 수 있다.[15-17]

라우릴설페이트가 피부장벽을 일단 통과하면 살아있는 피부세포(예: 과립층, 가시층 또는 기저층의 세포)와 직접 접촉하여 심할 경우 파괴하거나 또는 자극하여 염증을 유발하는 주요 생리인자인 IL-1 분비를 유도하여 가려움증, 홍반 등을 동반하는 염증을 야기할 수 있다.[18, 19]

5. 라우릴설페이트를 포함한 약물 침투 증진제

일반적으로 약물은 경구를 통해 쉽게 투여할 수 있지만 타박상 치료제나 호르몬 제제는 피부를 통해 투여할 필요가 있다. 이때 피부장벽인 각질층 때문에 약물 침투가 쉽지 않으므로 효율적인 약물 침투를 위해 각질층을 파괴하는 침투 증진제penetration enhancer를 같이 사용한다.[10, 20] 침투 증진제는 라우릴설페이트, 올레익 지방산oleic acid, 프로필렌글리콜propylene glycol 또는 아존Azone 등이 존재하며 그림4에서 보는 바와 같이 피부장벽의 지질층을 파괴해 약물의 효율적인 피부 침투를 증진해 주는 역할을 한다.[20, 21]

라우릴설페이트를 포함한 약물 침투 증진제 피부장벽 침투 경로

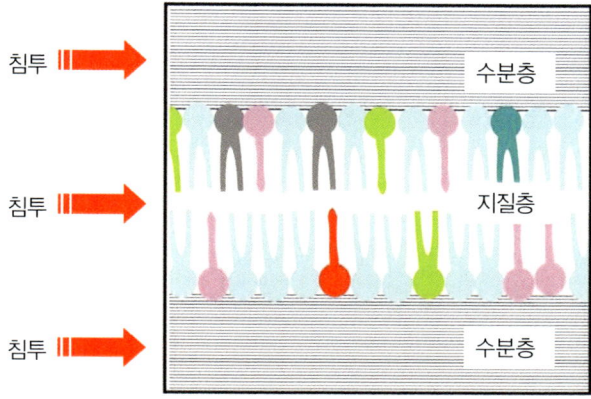

그림 4 라우릴설페이트를 포함한 약물 침투 증진제는 지뢰가 매설되어 있는 지대에서 아군의 안전한 행군을 확보하기 위한 지뢰 제거 탱크와 같은 역할을 한다. 약물이 피부를 통해 침투할 경우 피부장벽을 파괴하여 효율적인 침투 경로를 확보하여 주기 때문이다. 위의 그림은 그림3에서 보여준 피부장벽의 각질세포 사이를 확대한 것이다. 여러 개의 지질층과 수분층이 존재하기 때문에 바로 이 곳이 라우릴설페이트의 주요 침투 경로가 될 수 있다. 수분층은 말할 것도 없고 세포막처럼 피부장벽의 지질층은 파괴될 수 있기 때문이다.

6. 모낭을 파괴하는 라우릴설페이트

필자는 2013년 초 탈모와 발모에 관련된 머리카락 세포의 중요성에 관한 책을 발간하였다.[22] 이때 모낭 구조에 대해 토론한 적이 있는데 여기서 간단하게 요약해 본다. 모낭은 머리카락을 생성하는 기관이며 머리카락 생성에 관여하는 모든 세포가 모낭 안팎에 집결해 있다. 사전적 의미의 모낭은 머리카락을 생성하는 장소의 울타리 또는 주머니이지만 실질적으로 모낭이라 함은 그 안팎에 털을 생성하는 모든 세포를 포함하는 구조를 의미한다.

모낭에는 머리카락 생성에 관여하는 모든 세포의 줄기세포가 살고 있는 벌지구역이 존재한다(그림6 참조). 이 구역으로부터 줄기세포가 증식되고 분화되어 결국 머리카락이 형성된다. 머리카락 역시 피부장벽처럼 다량의 케라틴 단백질이 함유되어 있는 죽은 세포로 이루어져 있다.

모낭 안쪽으로 들어가는 입구에는 피부장벽과 같은 장벽구조가 없다(그림5 참조). 따라서 피부장벽을 통과할 수 있는 라우릴설페이트는 모공을 보다 쉽게 침투할 수 있다. 모공 안쪽에는 온갖 종류의 머리카락 세포가 노출되어 있기 때문에 침투한 라우릴설페이트와 직접적으로 접촉될 수밖에 없다(그림6 참조). 이로 인해 머리카락을 구성하는 세포가 손상되어 머리카락이 가늘어질 가능성이 있다. 예로 온전한 머리카락을 생성하는 데 머리카락 세포 100개가 필요하다고 가정하자. 침투한 라우릴설페이트가 모낭에 존재하는 100개의 세포 중 50개를 손상시켰다면 온전히 남아있는 50개의 세포로 머리카락이 형성될 수밖에 없고 결국 100개의 세포로 이루어지는 머리카락보다 가늘어질 수밖에 없다. 특히 모낭 안쪽에 존재하는 벌지구역의 줄기세포가 손상될 경우 영구적인 탈모를 야기할 수 있다.

라우릴설페이트의 모낭 침투 경로

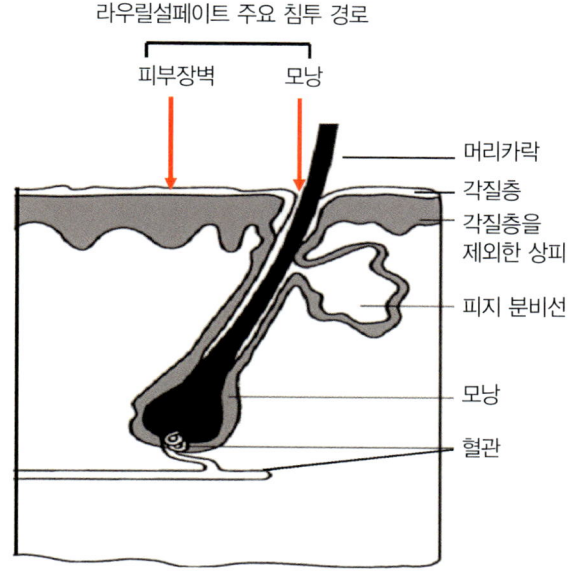

🧪 **그림 5** 모낭 안쪽으로 들어가는 입구에는 피부장벽과 같은 장벽구조가 없다. 따라서 피부장벽도 침투할 수 있는 라우릴설페이트는 더 쉽게 모공 속으로 침투할 수 있다.

우리가 사용하는 샴푸의 라우릴설페이트 농도는 제6장에서 언급한 바와 같이 물고기의 치사량 농도보다 약 65,000~130,000배 더 높은 농도임을 알 수 있었다. 이런 샴푸로 머리를 감는다는 것이 얼마나 위험한지 쉽게 예측할 수 있다. 이런 이유 때문에 그리고 샴푸 사용 중에도 라우릴설페이트가 피부를 뚫고 침투할 수 있다는 가능성 때문에 라우릴설페이트가 함유된 샴푸를 사용할 경우 매우 짧게 그리고 계속적인 아닌 가끔 가다가 한 번씩 그리고 일단 사용하면 사용 후 말끔히 헹구어 내는 것이 안전할 것이라 하였다(원문: appear to be safe in formulations designed for discontinuous, brief use followed by thorough rinsing from the surface of the skin).[12, 13] 사실상 사용을 자제하라고 아니 사용하지 말라고 권고하는 것이나 다름없다. 현실적으로 초시계를 가지고 샴푸 사용시간을 체크할 수도 없는 일이고 또 얼마나 간간히 해야 하는 것인지 결정하는 것 역시 거의 불가능한 일이기 때문이다. 더욱 어려운 것은 자신의 피부장벽이나 모낭이 얼마나 튼튼한지를 모르기 때문에 얼마나 적게 또는 얼마나 짧게 샴푸를 해야 할지를 결정하는 것이다.

침투된 라우릴설페이트에 노출될 수 있는 모낭 세포들

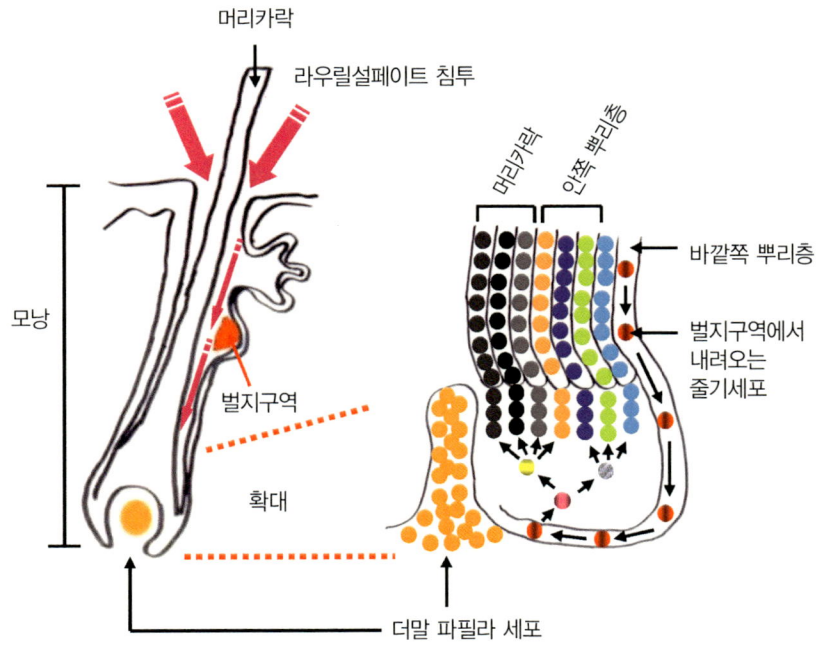

〈출처: 탈모 발모 머리카락 세포, 박철원, 북랩, 2013〉

> **그림 6** 머리카락은 피부 각질층의 각질세포처럼 케라틴 단백질이 가득한 죽은 세포로 이루어져 있다.[22] 피부 각질층의 각질세포 줄기세포는 상피의 기저층과 모낭에 부속되어 있는 벌지구역에 존재하지만 머리카락 세포의 줄기세포는 벌지구역에만 존재한다.[22] 오른쪽 그림에서 보는 바와 같이 벌지구역의 줄기세포는 바깥쪽 뿌리층을 통해 내려오면서 모든 종류의 머리카락 세포와 안쪽 뿌리층에 거주하며 머리카락을 지지해 주는 세포로 분화된다.[22] 더말파필라 세포는 머리카락 세포 증식과 분화를 통제하는 매우 중요한 세포이다.[22] 라우릴설페이트가 모공으로 침투되면 벌지구역과 바깥쪽 뿌리층의 줄기세포, 머리카락을 구성하는 모든 종류의 세포 그리고 머리카락을 지지해 주는 안쪽 뿌리층의 세포가 라우릴설페이트에 노출되어 공격받을 수 있다. 이로 인해 머리카락이 가늘어지거나 심하면 탈모가 야기될 수 있다.

7. 아무 이유 없이 피부 또는 두피가 가렵거나 염증이 있을 경우 또는 머리카락이 가늘어지거나 탈모가 야기될 경우

 최근에 가습기 살균제 피해자의 인터뷰가 방송된 적이 있다. 숨 쉬기가 너무 어려워 살균제가 포함되어 있는 가습기를 더 많이 사용하였다는 내용이다.[23] 숨 쉬기 어려운 이유가 공기 건조 때문이라 생각하였을 것이다. 사실상 가습기 살균제로 인해 허파가 파괴되고 이로 인해 숨 쉬기가 너무 어려웠던 것을 전혀 몰랐던 상황이었을 것이다. 가습기 살균제를 판매하는 회사가 안전하다고 선전까지 한 제품인데 그 누가 의심할 수 있었겠는가?

 지금 피부나 두피 문제로 인해 또는 탈모로 인해 피부와 모낭을 파괴하는 라우릴설페이트가 포함되어 있는 세정제나 샴푸 또는 탈모방지용 샴푸를 더 많이 그리고 더 자주 사용하고 있지 않나 한번 생각해 볼 필요가 있다. 사실상 라우릴설페이트를 사용하지 않아도 세정 면에서 그것에 상응하는 좋은 계면활성제가 존재하는데 세상이 왜 이렇게 거꾸로 돌아가는지 이해할 수 없다.

아무 이유 없이 피부 또는 두피가 가렵거나 홍반을 동반하는 염증이 있을 경우 또는 머리카락이 가늘어지거나 탈모가 야기될 경우 그 이유를 스트레스, 피로, 음주, 공해, 영양 불균형을 초래하는 다이어트, 수면부족, 또는 유전성 등으로 돌리지 말고 매일 사용하는 세정제의 계면활성제를 반드시 의심해 볼 필요가 있다. 만약 그 계면활성제가 라우릴설페이트라면 더욱 의심해 볼 필요가 있다. 여기에 탈모 방지 양모 목적의 외약외품 샴푸도 결코 예외가 될 수 없다.

다음 장에서는 피부와 모낭을 파괴하는 문제보다 더욱 심각한 문제로 대두될 수 있는 계면활성제의 발암물질 오염 가능성에 대해 토론하여 보자.

참고 자료

1. 지방 골수 제대혈 성체줄기세포, 박철원, 에세이퍼블리싱, 2011
2. Mathur V et al., *Asian J. of Pharmaceyticals*, 4(3), 173–183, 2010
3. Warner RR et al., *J. Invest. Dermatol.*, 113(6), 960–6, 1999
4. Som I et al., *J. Pharm. Bioallied. Sci.*, 4(1), 2–9, 2012
5. Faucher JA et al., *J. Soc. Cosmet. Chem.*, 29, 323–337, 1978
6. Faucher JA et al., *J. Soc. Cosmet. Chem.*, 29, 339–352, 1978
7. Serban GP et al., *J. Soc. Cosmet. Chem.*, 32, 407–419, 1981
8. Loden M, *J. Soc. Cosmet. Chem.*, 41, 227–233, 1990
9. Fulmer AW et al., *J. Invest. Dermatol.*, 86, 598–602, 1986
10. Lane ME, *Int. J. Pharm.*, 447(1–2), 12–21, 2013
11. Moore PN et al., *J. Cosmet. Sci.*, 54(1), 29–46, 2003
12. http://www.cir-safety.org/sites/default/files/imports/alerts.pdf
13. *International J. of Toxicology*, 2(7), 127–181, 1983
14. Fullerton A et al., *Contact Dermatitis*, 30(4), 222–5, 1994
15. Loffler H et al., *Contact Dermatitis*, 40(5), 239–42, 1999
16. de Jongh CM et al., *Br. J. Dermatol.*, 154(4), 651–7, 2006
17. Jakasa I et al., *Br. J. Dermatol.*, 155(1), 104–9, 2006
18. Coquette A et al., *Toxicol. In Vitro*, 17(3), 311–21, 2003
19. Welss T et al., *Toxicol. In Vitro*, 18(3), 231–43, 2004
20. Hiren J et al., *IJPI's J. of Pharmaceutics and Cosmetol.*, 1(2), 67–80, 2011
21. Jadhav JK et al., *Int. J. of Sci. Innovations and Discoveries*, 2(6), 204–217, 2012
22. 탈모 발모 머리카락 세포, 박철원, 북랩, 2013
23. KBS 1TV 시사기획 "창": 가습기 살균제 '끝나지 않은 고통'(2013년 08월 21일 방영)

제8장

라우릴설페이트에 발암물질을 부가하여 합성한 새로운 계면활성제: 라우레스설페이트

 라우릴설페이트에 발암물질을 부가하여 합성한 새로운 계면활성제: 라우레스설페이트

 지금까지 개발된 계면활성제는 수만 가지가 되지만 개발에 사용된 물질 중 에틸렌옥사이드란 화학물질이 계면활성제 개발에 제일 많은 공을 세운 물질 중 하나가 아닐까 싶다. 부가(화학적으로 공유결합, 즉 결합을 의미함)되는 에틸렌옥사이드 함량에 따라 계면활성제의 친수성을 자유자재로 조절할 수 있는 장점이 있기 때문이다. 따라서 제11장에서 제15장까지 제시된 바와 같이 우리 주위에서 사용되는 세정제에 에틸렌옥사이드가 부가되지 않은 계면활성제가 없을 정도이다. 특히 라우릴설페이트와 함께 샴푸 등 세정제에 가장 많이 사용되는 라우레스설페이트는 제3장에서 언급한 바와 같이 라우릴설페이트에 에틸렌옥사이드가 부가된 계면활성제이며 에틸렌옥사이드가 부가된 계면활성제의 좋은 본보기이다.

 하지만 불행하게도 에틸렌옥사이드는 백혈병과 유방암 등을 유발하는 1급 발암물질로 잘 알려져 있다(제9장 도표1 참조). 에틸렌옥사이드가 부가된 계면활성제, 예로 라우레스설페이트는 그 자체가 암을 유발하지는 않지만 부가되지 않은 에틸렌옥사이드가 만약 제거되지 않고 그대로 잔존한다면 피부에 직접 노출 시 침투되어 암을 유발할 가능성을 가지고 있다.

이뿐만 아니다. 에틸렌옥사이드가 부가되어 새로운 계면활성제가 합성되는 과정 중 에틸렌옥사이드로부터 또 하나의 새로운 발암물질인 1,4-다이옥산이 형성되어 잔존될 수 있다. 따라서 에틸렌옥사이드와 1,4-다이옥산이 제거되지 않은 계면활성제, 예로 라우레스설페이트를 원료로 한 샴푸, 바디워시, 신생아/베이비용 세정제, 항균 핸드워시 또는 주방세제 등에 장기적으로 노출된다면 백혈병과 유방암 등 암 발병 빈도수가 더 높아질 가능성을 배제할 수 없다.

에틸렌옥사이드 구조

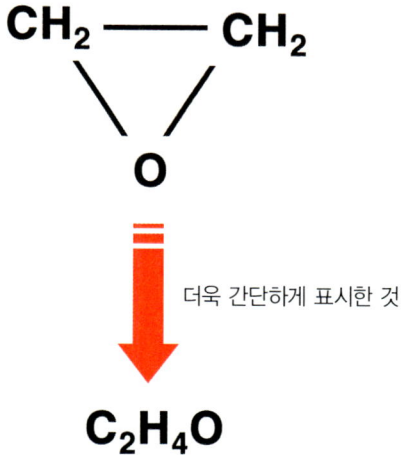

더욱 간단하게 표시한 것

그림 1 에틸렌옥사이드는 물과 기름에도 잘 녹으며 공기보다 약간 무거운 가스이다. 에틸렌옥사이드는 화학적으로 매우 불안정하여 단백질이나 유전자에 노출될 경우 이들 물질을 공격하여 화학적으로 변형시킨다. 즉, 탄화수소물인 알킬기를 부착시킨다. 이로 인해 유전자 변형을 야기하여 백혈병과 유방암 등의 암을 유발하기 때문에 2007년 UN 세계보건기구(WHO)에서 1급 발암물질로 규정되었다.

이 장에서 필자는 오래 전부터 무심코 매일 사용되어 온 에틸렌옥사이드가 부가된 계면활성제의 존재와 심각성에 대해 우리 가족과 이웃 그리고 독자와 소비자의 경각심을 고취시키고자 학문적 근거를 토대로 신랄하게 파헤쳐 보고자 한다.

1. 에틸렌옥사이드란 무엇인가?

에틸렌옥사이드는 물과 기름에도 잘 녹으며 공기보다 약간 무거운 가스이다(그림1 참조). 1931년 프랑스 화학자 테오도르 르포르트Theodore Lefort에 의해 에틸렌과 산소를 결합하여 대량 생산하는 방법이 개발된 이후 에틸렌옥사이드는 자동차 부동액인 에틸렌글리콜, 화장품의 약방 감초로 사용되는 폴리에틸렌글리콜 그리고 에틸렌옥사이드가 부가된 계면활성제인 에톡실레이트 생산에 주원료로 사용되고 있다.[1] 2004년 기준으로 전 세계적으로 1,900만 톤이 생산되었으며 미국이 약 1/5 이상인 약 400만 톤을 생산하였다.[1]

2. 에틸렌옥사이드는 유전자를 변형시켜 암을 유발하는 1급 발암물질이다

　에틸렌옥사이드는 화학적으로 매우 불안정하여 단백질이나 유전자에 노출될 경우 이들 물질을 공격하여 화학적으로 탄화수소물인 알킬기를 부착시켜 변형시킨다.[1, 2] 이런 특징을 이용하여 에틸렌옥사이드를 멸균 소독제로 사용하고 있다.[3] 에틸렌옥사이드에 노출되면 미생물의 단백질과 유전자가 화학적으로 변형되어 미생물은 죽게 된다. 에틸렌옥사이드를 이용한 멸균소독 방법은 고온 고압의 수증기를 이용한 멸균소독 방법에 취약한 의료기구 등을 다루는 데 적합하다. 하지만 유전자 변형을 초래하고 암을 유발하기 때문에 에틸렌옥사이드는 2007년 UN 세계보건기구(WHO) 산하인 국제암연구소International Agency for Research on Cancer에서 1급 발암물질로 규정되었다.[1] 1급 발암물질이란 실험동물은 물론 인간에게도 암을 유발한다고 밝혀진 발암물질을 의미한다. 주로 백혈병leukemia과 유방암breast cancer을 야기할 수 있는 발암물질로 알려져 있으며 추가적인 발암성에 대해 계속 연구 중에 있는 물질이다.[4-6, 22] 이외에도 태아의 자연 유산, 신경 파괴 그리고 사고와 기억 감퇴 등의 발생과 연관이 있는 것으로 알려져 있다.[5] 만약 에틸렌옥사이드를 다루며 작업을 수행할 경우 하루 평균 근무 시간인 8시간을 기준 삼아 1ppm(parts per million, 예: 1ppm = 100만분의 1) 이상 접촉되지 말아야 하며 이보다 높은 농도인 5ppm일 경우 15분을 넘기지 말아야 한다(미국 노동성 산하 직업안전 위생국 기준).[7] 만약 0.5ppm 이상 농도에서 하루 8시간 근무할 경우 정기적으로 건강검진을 의무적으로 받아야 한다.

3. 에틸렌옥사이드를 부가한 계면활성제 개발

    1916년에 독일의 부틸나프탈렌설포네이트를 시작으로 다양한 기능과 고기능의 합성 계면활성제 생산 방법이 개발되었다. 이 중에서, 제4장에서 소개한 바와 같이, 피엔지 회사의 로버트 던칸이 경수 문제를 해결하기 위한 아이디어를 얻기 위해 대서양을 건넜던 시기인 1931년에 독일 I.G. Farben 회사의 콘나드 쉘러Cornard Schoeller와 막스 위트버Max Wittwer에 의해 소수성 부위인 지방산 또는 지방알콜 등에 에틸렌옥사이드를 여러 개 부가하면 새로운 기능을 가진 비이온성 계면활성제로 사용될 수 있음을 밝혀냈다.[8] 그 이유는 에틸렌옥사이드가 전기를 띠지 않는 비이온성이라 하더라도 물 분자의 산소처럼 에틸렌옥사이드의 산소 원자도 음 극성을 띠고 있어 물 분자의 수소와 수소결합하기 때문이다(그림2 참조). 따라서 부가된 에틸렌옥사이드는 계면활성제의 친수성 부위로 사용될 수 있다.

계면활성제에 부가되어 친수성 부위 역할을 하는 에틸렌옥사이드

> **그림 2**   에틸렌옥사이드는 전기를 띠고 있지 않지만 제2장에서 다룬 물 분자의 산소 원자처럼 에틸렌옥사이드의 산소 원자도 음 극성을 띠고 있다. 따라서 부가된 에틸렌옥사이드는 물 분자의 수소원자와 수소결합을 한다. 이런 이유로 인해 부가된 에틸렌옥사이드는 계면활성제의 친수성 부위로 사용되고 있으며 에틸렌옥사이드 부가 회수에 따라 친수성이 조절될 수 있다. 예로 부가 수가 높으면 낮은 것 보다 친수성이 더욱 향상된다. 비 이온성 계면활성제를 생성하는 주요 방법 중 하나이다. 실제로 에틸렌옥사이드가 부가된 계면활성제를 사용하지 않은 세정제 제품이 하나도 없을 정도이다(제11~15장 참조).

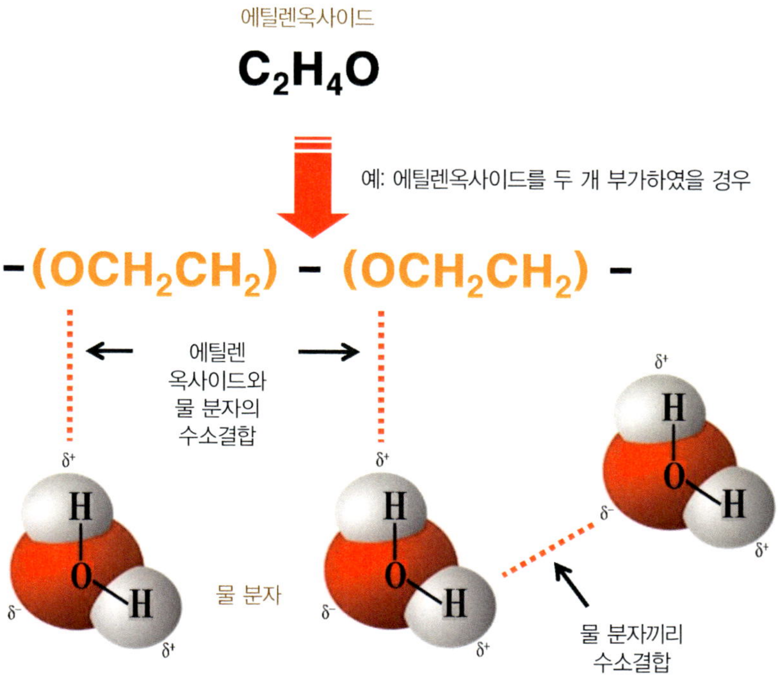

에틸렌옥사이드
C_2H_4O

예: 에틸렌옥사이드를 두 개 부가하였을 경우

−(OCH_2CH_2)− (OCH_2CH_2)−

← 에틸렌 옥사이드와 물 분자의 수소결합 →

물 분자

물 분자끼리 수소결합

부가된 에틸렌옥사이드가 물과 수소결합하고 있는 장면

 Schoeller와 Wittwer는 이 기술에 대해 "섬유산업과 관련 산업에 사용되는 보조제Assistants for the textile and related industries"란 제목으로 1934년 미국에서 특허를 취득하였지만 실제로 이 방법을 이용하여 주요 비이온성 계면활성제가 생산되기 시작한 시기는 1954년이며 미국 Wyandott사에서 지방알콜 등에 에틸렌옥사이드를 부가시킨 비이온성 계면활성제 생산이 바로 그것이다.[9] 그 후 세계적으로 유명한 BASF사도 에틸렌옥사이드를 부가하여 다양한 형태의 계면활성제를 합성 개발하였고 이로 인해 에틸렌옥사이드가 부가된 계면활성제는 여러 산업분야에서 공업적 응용이 점점 증가되기 시작하였다.

이들이 가정용 세정제로 침투하여 자리잡기 시작한 때는 존슨앤드존슨 Johnson & Johnson 회사가 더 순한 가정용 세정제를 만들기 위해 이들을 첨가하고 1961년과 1962년 이에 대해 미국 특허를 취득한 때부터이다.[10, 11] 그 이후 1975년에는 피엔지 회사가, 1984년에는 콜게이트-팜올리브 Colgate-Palmolive 회사도 합세하여 에틸렌옥사이드가 부가된 다양한 종류의 계면활성제를 가정용 세정제에 첨가하고 이에 대해 미국 특허를 취득함으로써 에틸렌옥사이드가 부가된 계면활성제가 가정용 세정제의 주원료로 완전히 정착할 수 있는 발판을 마련하였다.[12, 13] 지금 우리가 사용하는 샴푸, 바디워시, 손 세정제, 신생아/베이비용 세정제, 심지어 우리가 섭취할 수 있는 주방세제에도 에틸렌옥사이드가 부가된 다양한 형태의 계면활성제를 쉽게 찾아 볼 수 있다.

라우릴 지방산의 변신은 무죄 - 각종 계면활성제 합성

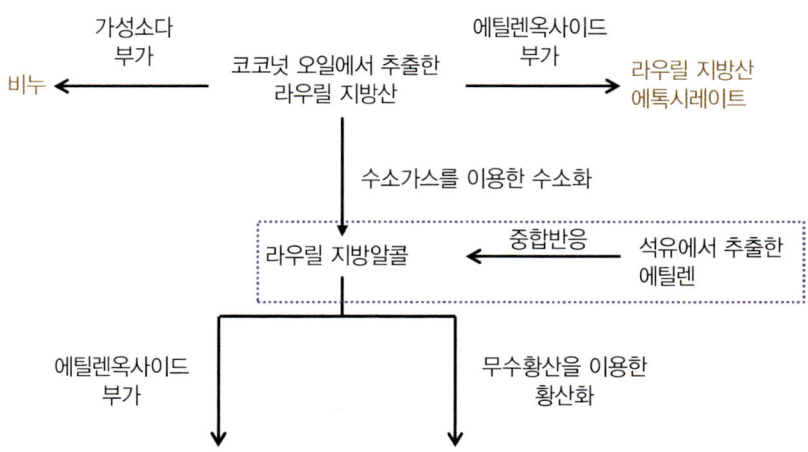

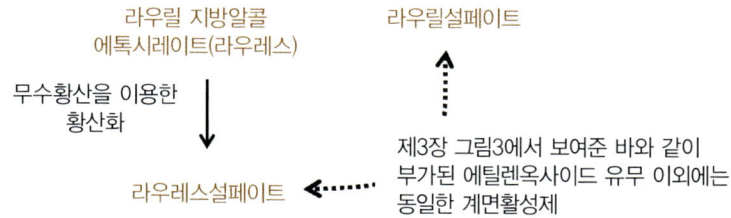

그림 3 코코넛 오일에서 추출한 라우릴 지방산을 시초로 하여 수소화, 황산화, 에틸렌옥사이드 또는 가성소다를 부가하여 온갖 종류의 계면활성제를 합성할 수 있다. 라우릴지방알콜은 석유에서 추출한 에틸렌을 중합하여서 합성될 수도 있다 (파란색 점선 사각형 부위 참조). 석유계 계면활성제가 합성되는 순간이다. 빨간색으로 표기된 물질은 소수성과 친수성 부위를 모두 포함하고 있기 때문에 계면활성제로 손색없이 사용될 수 있다.

4. 지방산 또는 지방알콜에 에틸렌옥사이드를 부가시킨 비이온성 계면활성제

그림3에서 보는 바와 같이 지방산을 가성소다로 중화할 경우 비누가 형성된다. 비누는 소수성 부위와 친수성 부위 모두를 포함하고 있기 때문에 계면활성제로 사용된다. 또는 그 대신 지방산에 에틸렌옥사이드를 부가하여 새로운 형태의 계면활성제가 만들어질 수 있다. 또 이런 방법이 있다. 지방산을 지방알콜로 변형시키고 에틸렌옥사이드를 부가하면 또 다른 종류의 계면활성제가 형성된다(그림3 참조). 지방산의 변신은 무궁무진하다. 예로 라우릴 지방산을 라우릴 지방알콜로 변형시키고 여기에 에틸렌옥사

이드를 부가할 경우 라우레스laureth라는 라우릴 지방알콜 에톡시레이트 계면활성제가 생성된다(그림3 참조). 제11장에 제시된 A회사 샴푸 제품2 전성분에 포함되어 있는 라우레스-23이 바로 그것인데 라우릴 지방알콜에 에틸렌옥사이드가 23개 부가되었다는 의미이다. 만약 40개가 부가되었다면 라우레스-40이라 명명될 수 있다.

5. 라우레스 계면활성제의 황산화: 라우레스설페이트 생성

지방산과 계면활성제의 변신은 계속된다. 바로 앞에서 언급한 라우레스를 황산화하면 그 유명한 라우레스설페이트가 생성되어 또 다른 기능을 가진 계면활성제가 탄생된다(그림3 참조). 이 계면활성제는 우리 피부에 직접 접촉되는 세정제의 계면활성제로 라우릴설페이트와 함께 제일 많이 사용되고 있다. 오늘 아침에 머리를 감았을 때 이 두 계면활성제 또는 라우레스설페이트가 포함된 샴푸를 사용하지 않았는지 살펴보자.

6. 에틸렌옥사이드로 인한 새로운 발암물질 생성: 1,4-다이옥산

그림4에서 보는 바와 같이 지방산이나 지방알콜에 에틸렌옥사이드를 부가할 경우 부가되지 않은 에틸렌옥사이드 분자 2개가 결합하여 한 분자의 1,4-다이옥산이 형성된다.[14] 1,4-다이옥산은 UN 세계보건기구(WHO) 산하인 국제암연구소에서 2B급 발암물질로 규정한 물질이다.[14] 2B급 발암물질이란 현재 실험동물에서 발암성이 확인된 물질이며 앞으로 인간에게도 암을 유발할 수 있는 가능성이 있는 발암물질을 말한다. 미국 캘리포니아 주는 1986년에 제정한 법 Proposition 65에서 1,4-다이옥산을 인간에게도 암을 유발할 수 있는 물질로 규정하고 있다.[15, 16]

제2의 발암물질 1,4-다이옥산 생성과 오염

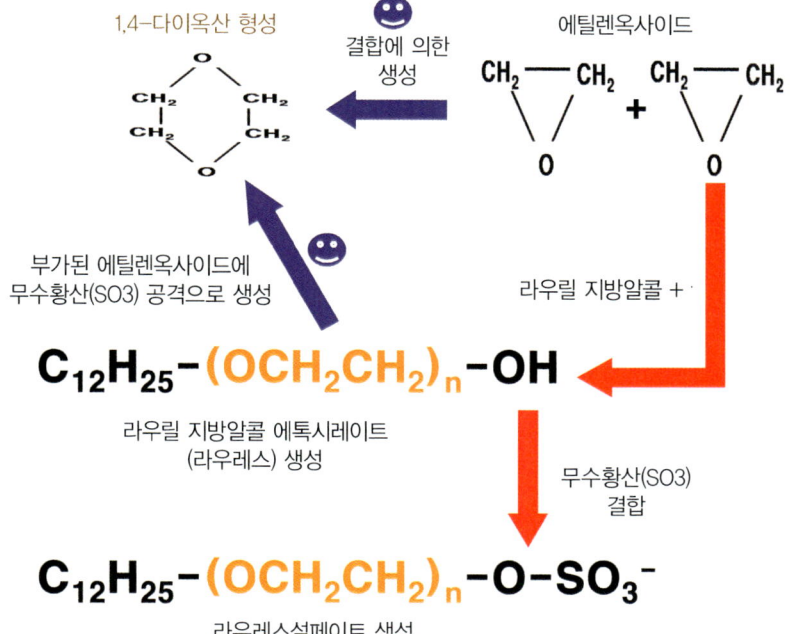

> **그림 4** 새로운 발암물질 1,4-다이옥산은 두 가지 방법에 의해 생성된다(위 그림에서 ☺ 표시한 곳). 에틸렌옥사이드 분자 2개가 결합하거나 또는 에틸렌옥사이드가 부과된 계면활성제를 황산화할 때 생성된다. 예로 라우레스설페이트는 라우릴 지방알콜에 에틸렌옥사이드가 부가되어 형성된 라우릴 지방알콜 에톡시레이트에 무수황산을 첨가하여 생성된다(그림3 참조). 그러나 무수황산은 부가된 에틸렌옥사이드에도 공격하여 1,4-다이옥산을 생성한다. 그 과정이 복잡하여 여기서 생략한다. 이때 생성되는 1,4-다이옥산은 첫 번째 방법에 의해 생성되는 것보다 황산화 조건에 따라 더 많은 양이 생성될 수 있다.

1,4-다이옥산은 또 다른 경로를 통해 더 많이 생성될 수 있다. 에틸렌옥사이드가 이미 부가된 지방알콜(예: 라우레스)에 무수황산sulfuric trioxide를 처리하여 황산화하고 라우레스설페이트를 합성할 경우이다. 무수황산은 부가된 에틸렌옥사이드 부위를 공격하여 1,4-다이옥산을 생성시키기 때문이다(그림4 참조).[17] 이때 생성되는 1,4-다이옥산 양은 황산화 조건에 따라 천차만별이다.[18] 미국 국립보건연구소NIOSH가 제시한 노출 시 최대 허용치 농도는 1ppm이다.[19]

7. 에틸렌옥사이드가 부가된 계면활성제가 포함된 세정제에 발암물질이 오염될 수 있다

에틸렌옥사이드가 부가된 계면활성제가 첨가된 세정제는 우리 주위에 이루 말할 수 없이 많이 존재한다. 따라서 만약 에틸렌옥사이드나 1,4-다이옥산이 세정제에 그대로 잔존되어 무심코 우리가 매일 사용하고 있다면 큰 문제가 아닐 수 없다. 소비자의 의도와는 상관없이 1급과 2B급 발암물질에 매일 노출되며 살 수 있기 때문이다.

실제로 1987년에 미국의 달그란^{Dahlgran} 연구진은 시중에서 판매되는 에틸렌옥사이드가 부가된 계면활성제 제품들 중에서 2.7~79.3ppm의 에틸렌옥사이드를 검출하였다.[20]

1,4-다이옥산의 경우 1979년부터 미국 FDA$^{(식품의약국)}$는 시판되고 있는 세정제 또는 세정제의 원료$^{(예:\ 소듐라우레스설페이트)}$의 오염 가능성을 여러 해 동안 조사하여 2001년 발표하였다.[21] 1979년 6개 품목을 조사한 결과 모두 검출되었으며 검출양은 71~580ppm$^{(평균\ 229ppm)}$이었다. 1997년에는 11개 품목 중 6개에서 검출되었으며 검출양은 45~1,102ppm$^{(평균\ 348ppm)}$이었다. 에틸렌옥사이드가 부가된 계면활성제를 원료로 한 화장품의 경우 1992년에 조사한 바에 의하면 34개 품목 중 31개에서 검출되었으며 검출양은 5~141ppm$^{(평균\ 41ppm)}$이었다. 1997년 경우 10개 품목 중 6개에서 검출되었으며 검출양은 6~34ppm$^{(평균\ 19ppm)}$이었다.

2005년 타이완에서 창^{Chang} 연구진은 시중에서 구매한 세정제 중 약 30%에서 1,4-다이옥산을 검출하였으며 검출양은 11~73ppm이었다.[23] 일본의 경우 2008년 카와타^{Kawata} 연구진에 의해 조사한 51개 품목 중 40개에서 1,4-다이옥산이 검출되었으며 검출양은 0.05~33ppm이었다.[24]

참고 자료

1. http://en.wikipedia.org/wiki/Ethylene_oxide
2. http://en.wikipedia.org/wiki/Alkylation
3. http://en.wikipedia.org/wiki/Sterilization_(microbiology)
4. http://www.who.int/ipcs/publications/cicad/en/cicad54.pdf
5. Kolman A et al., *Carcinogenesis*, 7(8), 1245-1250, 1986
6. Mulware SJ, *Int. J. Breast Cancer*, doi: 10.1155/2013/640851, 2013
7. https://www.osha.gov/SLTC/ethyleneoxide/
8. 미국 특허(등록번호: 1970578)
9. Nonionic Surfactants (Surfactant Science Series, Vol. 1), Schick MJ, Marcel Dekker Inc., 1967
10. 미국 특허(등록번호: 2999069)
11. 미국 특허(등록번호: 3055836)
12. 미국 특허(등록번호: 3928251)
13. 미국 특허(등록번호: 4426310)
14. http://en.wikipedia.org/wiki/1,4-dioxane
15. http://en.wikipedia.org/wiki/Proposition_65
16. http://oehha.ca.gov/prop65.html
17. 1,4-dioxane: A Current Topic for Household Detergent and Personal Care Formulators, L. Matheson et al., 100th AOCS Annual Meeting, 2009
18. http://www.chemithon.com/resources/pdfs/technical_papers/sulfo%20and%20sulfa%201.pdf
19. http://www.cdc.gov/niosh/npg/npgd0237.html
20. Dahlgran JR et al., *J. Assoc. Off. Anal. Chem.*, 70(5), 796-8, 1987
21. Black RE et al., *J. of AOAC International*, 84(3), 666-70, 2001
22. http://monographs.iarc.fr/ENG/Monographs/vol100F/mono100F-28.pdf
23. Fub CB et al., *J Chromatogr A.*, 1071(1-2), 141-5, 2005
24. Tanabe A et al., *J. of AOAC International*, 91(2), 439-44, 2008

제9장

계면활성제에 부가되는
또 다른 발암물질
그리고 계면활성제
자체가 발암물질인 경우

 제9장 계면활성제에 부가되는 또 다른 발암물질 그리고 계면활성제 자체가 발암물질인 경우

1. 계면활성제에 부가되는 또 다른 발암물질: 프로필렌옥사이드와 아크릴로니트릴

에틸렌옥사이드 이외에도 계면활성제에 부가되는 발암물질은 프로필렌옥사이드propylene oxide와 아크릴로니트릴acrylonitrile이 더 존재한다(도표1 참조). 둘 다 UN 세계보건기구(WHO) 산하인 국제암연구소에서 2B급 발암물질로 규정한 물질들이다.[1] 미국 캘리포니아주 법 Proposition 65에서도 인간에게 암을 유발하는 물질로 규정되어 있다.[5] 프로필렌옥사이드는 휘발성 액체이며 보습제 등으로 사용되는 프로필렌글라이콜의 원료이다.[2] 아크릴로니트릴은 액체이며 거품형성을 촉진하는 코카미도프로필베타인에 부가되는 물질이다. 즉, 코카미도프로필베타인은 코코넛 오일의 지방산, 디메틸아미노프로필아민dimethylaminopropylamine 그리고 소듐모노클로로아세이트sodium monochloroacetate의 화학결합에 의해 생성된다. 이 중 디메틸아미노프로필아민은 디메틸아민dimethylamine과 2B급 발암물질 아크릴로니트릴의 결합에 의해 형성된다.[3]

2. 발암물질로 규정된 계면활성제: 디에탄올아민 그리고 코카마이드디이에이

계면활성제 자체가 발암물질인 것도 있다. 디에탄올아민diethanolamine(DEA, 디이에이)과 코카마이드디이에이cocamide DEA이다(도표1 참조). 디에탄올아민은 1급 발암물질 에틸렌옥사이드와 암모니아가 결합되어 합성되며 일종의 계면활성제이다. 그 자체로 화장품 원료로 사용될 수 있지만, 주로 라우라마이드디이에이 또는 코카마이드디이에이 계면활성제 합성의 주원료로 사용된다. 이들 계면활성제는 우리가 일상생활에서 접하는 각종 세정제에 포함되어 사용되고 있다. 디에탄올아민은 2013년 UN 세계보건기구(WHO) 산하인 국제암연구소에서 2B급 발암물질로 규정된 물질이며 미국 캘리포니아주 법 Proposition 65에서 인간에게 암을 유발하는 물질로 규정되어 있다.[4, 5]

발암물질 코카마이드디이에이는 친수성 부위인 디에탄올아민에 소수성 부위인 코코넛 오일의 지방산을 결합시킨 계면활성제이다. 이 계면활성제는 UN 세계보건기구 산하인 국제암연구소에서 2B급 발암물질로 규정된 물질이며 미국 캘리포니아주 법 Proposition 65에서는 인간에게 암을 유발하는 물질로 규정되어 있다.[5, 6] 이 계면활성제를 투여한 실험동물에서 간암과 신장암이 관찰되었다.[6] 우리나라에서 현재 유통되고 있는 여러 종류의 세정제에서 어렵지 않게 이 계면활성제가 원료로 사용되고 있는 것이 관찰되고 있다. 심지어 어린이들의 손 청결 유지에 사용되는 항균 핸드워시는 물론 신생아/베이비 세정제에서도 관찰되고 있는 실정이다(제13장 및 제14장 참조).

계면활성제 관련 발암물질 요약

차례	발암물질 및 인간에게 발생하는 또는 발생 가능한 암 종류	UN 세계보건기구 (WHO) 발표 연도(년)	미국 캘리포니아주 (Proposition 65) 발표 연도(년)	대표적 계면활성제
1	에틸렌옥사이드	1급 - 2012	1987	라우레스설페이트 외 다수에 부과됨
	발생하는 암 종류[8]	백혈병, 유방암		
2	1,4-다이옥산	2B급 - 1999	1988	에틸렌옥사이드 부가물 (예: 라우레스설페이트 외 다수) 오염
	발생 가능한 암 종류[9]	간암 외 다수		
3	프로필렌 옥사이드	2B급 - 1994	1988	프로필렌글라이콜에 부과됨
	발생 가능한 암 종류[10]	위암 외 다수		
4	아크릴로니트릴	2B급 - 1999	1987	코카미도프로필베타인에 부과됨
	발생 가능한 암 종류[11]	뇌암, 유방암 외 다수		
5	디에탄올아민(디이에이)	2B급 - 2013	2012	라우라마이드디이에이 또는 6번 물질 원료
	발생 가능한 암 종류[4]	간암, 신장암		
6	코카마이드디이에이	2B급 - 2013	2012	그 자체가 계면활성제임
	발생 가능한 암 종류[6]	간암, 신장암		

도표 1 UN 세계보건기구(WHO)와 미국 캘리포니아 주정부는 인간에게 쉽게 접촉될 수 있는 화학물질의 발암성을 조사하여 발표했는데 위 자료는 세정제의 원료인 계면활성제와 관련된 발암물질에 대해 요약한 것이다. 우리 피부에 직접 노출되는 세정제 또는 주방세제에서 발암물질(1~5번)이 부가된 계면활성제를 쉽게 찾아 볼 수 있다. 6번은 그 자체가 발암물질이며 계면활성제로서 우리가 사용하는 세정제에서 이 역시 쉽게 찾아볼 수 있다. 만약 발암물질이 부과된 계면활성제를 세정제의 원료를 사용하였을 경우 반드시 잔존하는 발암물질 여부를 검사해야 하며 발암물질인 계면활성제의 경우 세정제의 원료로 절대 사용해서는 안 된다.

3. 미국에서 발생한 발암물질 코카마이드디이에이 계면활성제 대란

2013년 8월 미국 환경감시단체인 '환경건강센터The Center for Environmental Health'는 시중에서 판매되는 세정제 98개 품목에서 발암물질 코카마이드디이에이 계면활성제가 검출되었다고 발표하였다.[7] 이 중 한 품목인 샴푸에서 2만 ppm(전체 중량의 20%) 이상 검출되었다. 이로 인해 현재 많은 회사가 고소당한 상태이다.

참고 자료

1. http://en.wikipedia.org/wiki/List_of_IARC_Group_2B_carcinogens
2. http://en.wikipedia.org/wiki/Propylene_glycol
3. http://en.wikipedia.org/wiki/DMAPA
4. http://monographs.iarc.fr/ENG/Monographs/vol101/mono101-004.pdf
5. http://oehha.ca.gov/prop65.html
6. http://monographs.iarc.fr/ENG/Monographs/vol101/mono101-005.pdf
7. http://www.ceh.org/news-events/press-releases/content/lawsuit-launched-testing-finds-cancer-causing-chemical-in-100-shampoos-haircare-products/
8. http://monographs.iarc.fr/ENG/Monographs/vol100F/mono100F-28.pdf
9. http://monographs.iarc.fr/ENG/Monographs/vol71/mono71-25.pdf
10. http://monographs.iarc.fr/ENG/Monographs/vol60/mono60-9.pdf
11. http://monographs.iarc.fr/ENG/Monographs/vol71/mono71-7.pdf

제10장

발암물질 오염에 대한 인체 계면활성제 종주국 미국의 대처

 ## 제10장 발암물질 오염에 대한 인체 계면활성제 종주국 미국의 대처

1. 발암물질 오염에 대해 미국 FDA도 규제하기 어려운 고삐 풀린 망아지 회사들

 잔존하고 있는 에틸렌옥사이드와 1,4-다이옥산은 이론적으로 vacuum striping이라는 진공제거 공법을 이용하면 제거될 수 있다고 한다.[1] 하지만 이론과 현실과는 항상 거리가 있는 법. 이 공법을 이용하여 제거하라는 계속적인 미국 FDA의 권고에도 불구하고 시중에 판매되고 있는 제품에서 계속 검출되고 있는 상황이다. 검출 사례가 제8장에서도 소개되었지만 2008년에도 미국의 한 소비자 단체인 '안전한 화장품을 위한 캠페인 Campaign for Safe Cosmetics'은 시중에서 판매되는 제품을 수거하여 1,4-다이옥산의 농도를 측정하였다.[2] 48개 품목 중 32개에서 0.27~35ppm의 1,4-다이옥산이 검출되었다. 이 중 존슨앤드존슨 회사의 베이비 샴푸에서도 검출되어 전 세계적으로 물의를 일으킨 적이다. 이 회사는 베이비용의 경우 2013년까지 자사 제품에서 발암물질을 모두 제거할 것이며 성인용의 경우 2015년까지 모두 제거하기로 하였다. 만약 완전히 제거되지 않을 경우 10ppm 이하로 낮출 것을 약속하였다.

2010년에는 피엔지 회사의 '허벌 에센스' 샴푸에서 24ppm 검출되었으며 심지어 피엔지 회사의 세탁 세정제인 두 종류의 타이드 제품에서도 각각 63ppm과 89ppm이 검출되어 미국 캘리포니아주 법 Proposition 65를 근거로 캘리포니아주에서 고발당했다.[3] 상표에 발암물질 포함에 대한 경고 표시를 하지 않았기 때문이다.

에틸렌옥사이드가 부가된 계면활성제가 가정용 세정제의 주원료로 완전히 정착할 수 있는 발판을 마련한 곳은 1960년대 초반에 존슨앤드존슨 회사 그리고 1975년대 중반에 피엔지 회사라 볼 수 있지만 아이러니컬하게도 현재 이 발암물질에 의해 문제를 야기하는 세정제 기업도 바로 그들이다. 이제 그 발암물질이 부메랑이 되어 돌아오고 있지 않나 하는 생각이 든다. 그렇다면 이런 의문이 생길 수 있다. 세정제의 계면활성제 포뮬러formula의 경우 그들을 그대로 따라 제조한 우리나라의 온갖 가정용 세정제에 발암물질 코카마이드디이에이 계면활성제는 말할 것도 없고, 더 나아가 계면활성제로 부가되지 않고 잔존하는 발암물질[에틸렌옥사이드, 1,4-다이옥산(오염물질), 프로필렌옥사이드, 아크릴로니트릴, 또는 디에탄올아민]이 세정제 속에 얼마나 존재하는지 필자는 매우 의심스럽다. 필자가 이 책에서 토론한 것을 토대로 뚜껑을 제대로 열어보면 판도라 상자 꼴이 되지 않을까 매우 염려스러워진다.

2. 미국 캘리포니아주 법 Proposition 65

미국 캘리포니아주가 암과 태아의 선천성 결함 발생을 억제하기 위해 1986년 제정한 법이다.[4, 5] 암과 태아의 선천성 결함을 야기할 수 있는 화학물질을 캘리포니아주가 지정하여 기업이나 소비자에게 공표한 후 음용수의 오염은 물론 만약 이 화학물질이 소비자가 사용하는 제품에 안전 기준치 이상으로 포함되어 있다면 아래와 같은 경고문을 반드시 제품에 부착하여야 한다. 만약 이 법을 위반할 경우 소송으로 이어질 수 있다. 계면활성제에 부가되는 에틸렌옥사이드는 물론 1,4-다이옥산, 프로필렌옥사이드 그리고 아크릴로니트릴 모두 인간에게 암을 유발하는 발암물질로 캘리포니아주 법 Propostion 65는 규정하고 있다.

WARNING: This product contains chemicals known to the State of California to cause cancer and birth defects or other reproductive harm(경고: 이 제품은 캘리포니아주가 인지한 암, 태아의 선천성 결함 또는 생식 기능 이상을 야기하는 화학물질을 포함하고 있다).

3. 발암물질 오염에 대해 생명과학의 최대 강국이자 인체용 계면활성제의 종주국인 미국의 초라한 대처

1979년 미국은 아이스크림 제조에 유화 목적 등으로 사용되며 1급 발암물질 에틸렌옥사이드가 부가된 여러 종류의 폴리소르베이트polysorbate 계면활성제에서 1,4-다이옥산 발암물질을 다량(최대 378ppm) 검출한 이래 지금까지 계면활성제의 발암물질 오염 가능성으로 전쟁 아닌 전쟁을 치르고 있는 중이다.[6] 아이러니컬하다. 1900년대 초중반에 산업용으로 개발된 몇몇의 계면활성제가 아무 규제 없이 우리 피부에 직접 노출되는 세정제로 사용되어 오다가 이제는 그 계면활성제들이 단백질을 변성한다, 세포를 파괴한다 또는 오염된 발암물질들이 암을 유발할 수 있다는 예견되지 못한 그리고 뜻하지 않은 많은 연구 결과로 인해 이제 와서 미국은 어떻게 대처해야 할지 아직 오리무중이다. 독성이 강하고 발암물질이 오염될 수 있는 계면활성제가 청산가리처럼 생명을 금방 앗아간다면 강력하게 규제할 텐데 그렇지도 못하고 또 인체용 계면활성제의 안전성에 대한 법규도 없으니 미국 연방정부는 초라하게 대처할 수밖에 없을 것이다. 다행히 늦게나마 캘리포니아주 법 Proposition 65를 통해 계면활성제 종주국이자 우리나라 계면활성제 교과서 역할을 해 온 미국의 피엔지 회사 그리고 존슨앤드존슨 회사가 자의든 또는 타의든 간에 이제 눈을 떠 잔존하는 발암물질의 문제점을 인정하기 시작하였다는 점은 매우 다행스러운 일이다. 아마도 문제점을 인정하지 않고 바꾸지 않는다면 소비자는 더 이상 신뢰하지 못해 망할 수 있다는 위기감을 이제 느끼기 시작했을 것이다.

참고 자료

1. Italia MP et al., *J. Soc. Cosmet. Chem.*, 42, 97–104, 1991
2. http://safecosmetics.org/article.php?id=414
3. Procter & Gamble Must Scrub Carcinogen Dioxane From Tide, Environment News Service, January 25, 2013
4. http://en.wikipedia.org/wiki/Proposition_65
5. http://oehha.ca.gov/prop65.html
6. Birkel TJ et al., *J. Assoc. Off. Anal. Chem.*, 62, 931–936, 1979

제11장

샴푸 제품 전성분과
우려되는 계면활성제 성분

제11장 샴푸 제품 전성분과 우려되는 계면활성제 성분

  이 책에서 소개된 계면활성제가 포함된 샴푸 제품은 시중에서 쉽게 찾아볼 수 있다. 외국계 회사를 포함한 9개 회사에서 생산된 17개 일반샴푸 그리고 식품의약품안전처가 허가한 의약외품인 탈모방지 및 양모용 샴푸 제품 1개의 전성분이 소개되었으며 각 제품마다 다양한 종류의 계면활성제가 샴푸 원료로 포함되어 있음을 알 수 있었다. 이 중에서 필자가 우려하는 계면활성제만 표시하여 간단하게 소개하였으며 주로 라우릴설페이트와 라우레스설페이트이다. 하지만 이외에도 발암물질인 에틸렌옥사이드, 프로필렌옥사이드 그리고 아크릴로니트릴이 부가된 화합물 역시 모두 지적하고 간단하게 소개하였다. 잔존하는 에틸렌옥사이드와 1,4-다이옥산은 물론 프로필렌옥사이드 또는 아크릴로니트릴 발암물질 오염 가능성 때문이다. 이 뿐만 아니다. 계면활성제 자체가 발암물질인 것도 샴푸 원료로 사용되었다(예: 국내 H회사에서 생산되었으며 식품의약품안전처가 허가한 의약외품인 탈모방지 및 양모용 샴푸에서 코카마이드디이에이 성분).

  단백질 변성과 세포 파괴로 피부장벽과 모낭 파괴를 야기할 수 있는 라우릴설페이트는 일반적으로 소듐 이온, 암모늄 이온 또는 에틸렌옥사이드가 부가된 TEA 화합물이 결합되어 각종 샴푸에 사용되고 있었고 라우릴설페이트에 에틸렌옥사이드가 부가된 라우레스설페이트는 소듐 이온 또는 암모늄 이온이 결합되어 사용되었다.

1. 국내 A회사 제품 – 2개

제품1 전성분: 정제수, 암모늄라우레스설페이트, 암모늄라우릴설페이트, 소듐코코암포아세테이트, 디메치콘, 인삼추출물, 꿀추출물, 동백오일, 호두껍질추출물, 석류나무추출물, 지황추출물, 목련추출물, 백자인추출물, C12-15파레스-3, 구아하이드록시프로필트리모늄클로라이드,디-C12-13알킬말레이트, 세틸알코올, 디소듐이디티에이, 부틸렌글라이콜, 코카마이드엠이에이, 코카미도프로필베타인, 소듐메틸코코일토레이트, 트리하이드록시스테아린, 소듐벤조에이트, 메칠이소치아졸리논, 메칠클로로이소치아졸리논, 페녹시에탄올, 적색227호, 청색1호, 황색4호, 향료.

① 암모늄라우레스설페이트(ammonium laureth sulfate): 라우릴설페이트에 1급 발암물질 에틸렌옥사이드가 부가되고 암모늄 이온이 결합된 계면활성제.
② 암모늄라우릴설페이트(ammonium lauryl sulfate): 라우릴설페이트에 암

모늄 이온이 결합된 계면활성제.

③ C12-15파레스-3(C12-15 pareth-3): 탄소수가 12에서 15인 지방알콜에 1급 발암물질 에틸렌옥사이드가 평균 3개 부가된 계면활성제.

④ 코카마이드엠이에이[cocamide MEA(monoethanolamine)]: 1급 발암물질 에틸렌옥사이드가 부가된 화합물로 거품형성 촉진 등에 사용됨.

⑤ 코카미도프로필베타인(cocamidopropyl betaine): 2B급 발암물질 아크릴로니트릴이 부가된 계면활성제로 거품형성 촉진 등에 사용됨.

제품2 전성분: 정제수, 암모늄라우레스설페이트, 암모늄라우릴설페이트, 하이드롤라이즈드콘키올린콩단백질, 호두껍질추출물, 구아하이드록시프로필트리모늄클로라이드, 디메치콘, 디소듐이디티에이, 라우레스-23, 라우레스-3, 마이카, 부틸렌글라이콜, 사이클로메치콘, 세틸알코올, 소듐살리실레이트, 소듐클로라이드, 시트릭애씨드, 에탄올, 잔탄검, 적색산화철, 코카마이드엠이에이, 트리스(테트라메칠하이드록시피페리디놀)시트레이트, 트리하이스록시스테아린, 티타늄디옥사이드, 소듐벤조에이트, 메칠이소치아졸리논, 메칠클로로이소치아졸리논, 페녹시에탄올, 황색4호, 등색 205호, 향료, 진주단백질(정제수/부틸렌글라이콜/하이드롤라이즈드콘키올린프로테인)20ppm

① 암모늄라우레스설페이트(ammonium laureth sulfate): 라우릴설페이트에 1급 발암물질 에틸렌옥사이드가 부가되고 암모늄 이온이 결합된 계면활성제.

② 암모늄라우릴설페이트(ammonium lauryl sulfate): 라우릴설페이트에 암

모늄 이온이 결합된 계면활성제.

③ 라우레스-23(laureth-23): 라우릴 지방알콜에 1급 발암물질 에틸렌옥사이드가 평균 23개 부가된 계면활성제.

④ 라우레스-3(laureth-3): 라우릴 지방알콜에 1급 발암물질 에틸렌옥사이드가 평균 3개 부가된 계면활성제.

⑤ 코카마이드엠이에이[cocamide MEA(monoethanolamine)]: 1급 발암물질 에틸렌옥사이드가 부가된 화합물로 거품형성 촉진 등에 사용됨.

2. 국내 D회사 제품 - 2개

제품1 전성분: 소듐라우릴설페이트, 소듐라우레스설페이트, 구절초추출물, 코카미도프로필베타인, 지황추출물, 측백나무잎추출물, 쑥추출물, 피이지-10, 디메치콘, 주엽나무열매추출물, 상백피추출물, 한련초추출물, 소듐코코일알라니네이트, 구아하이드록시프로필트리모늄클로라이드, 피이지-7글리세릴코코에이트, 코카마이드엠이에이, 오크비니거, 향료, 천궁추출물, 창포수, 락토바실러스/병풀/조각자나무가시/어성초추출물/황백/호장근/꿀풀/사상자추출물발효여과물, 카보머, 메칠파라벤, 라우라민옥사이드, 멘톨, 트리에탄올아민, 판테놀, 마치현추출물, 인삼추출물, 디소듐이디티에이, 하이드롤라이즈케라틴, 메칠클로로이소치아졸리논, 메칠이소치아졸리논

① 소듐라우릴설페이트(sodium lauryl sulfate): 라우릴설페이트에 소듐 이온이 결합된 계면활성제.

② 소듐라우레스설페이트(sodium laureth sulfate): 라우릴설페이트에 1급 발암물질 에틸렌옥사이드가 부가되고 소듐 이온이 결합된 계면활성제.

③ 코카미도프로필베타인9: 2B급 발암물질 아크릴로니트릴이 부가된 계면활성제로 거품형성 촉진 등에 사용됨.

④ 피이지-10[PEG(polyethylene glycol)-10]: 1급 발암물질 에틸렌옥사이드가 부가된 화합물로 유화제 등으로 사용됨.

⑤ 피이지-7글리세릴코코에이트(PEG-7 glycerylcocoate): 1급 발암물질 에틸렌옥사이드가 부가된 보습제.

⑥ 코카마이드엠이에이[cocamide MEA(monoethanolamine)]: 1급 발암물질 에틸렌옥사이드가 부가된 화합물로 거품형성 촉진 등에 사용됨.

⑦ 트리에탄올아민(triethanolamine): 1급 발암물질 에틸렌옥사이드가 부가된 화합물로 유화제 등으로 사용됨.

제품2 전성분: 소듐라우레스설페이트, 구절초추출물, 소듐라우릴설페이트, 주엽나무추출물, 코카미도프로필베타인, 디메치콘, 스테아레스-2, 스테아레스-20, 용안열매추출물, 피이지-7글리세릴코코에이트, 쿼터늄-60, 프로필렌글라이콜, 상백피추출물, 백지추출물, 천궁추출물, 녹차추출물, 인삼추출물, 쑥추출물, 카보머, 오크비니거, 향료, 판테놀, 멘톨, 마치현추출물, 메칠파라벤, 토코페릴아세테이트, 에탄올, 트리에탄올아민, 디소듐이디티에이, 메칠클로로이소치아졸리논, 메칠이소치아졸리논

① 소듐라우레스설페이트(sodium laureth sulfate): 라우릴설페이트에 1급 발암물질 에틸렌옥사이드가 부가되고 소듐 이온이 결합된 계면활성제.
② 소듐라우릴설페이트(sodium lauryl sulfate): 라우릴설페이트에 소듐 이온이 결합된 계면활성제.
③ 코카미도프로필베타인(cocamidopropyl betaine): 2B급 발암물질 아크릴로니트릴이 부가된 계면활성제로 거품형성 촉진 등에 사용됨.
④ 스테아레스-2(steareth-2): 스테아릴 지방알콜에 1급 발암물질 에틸렌옥사이드가 평균 2개 부가된 계면활성제.
⑤ 스테아레스-20(steareth-20): 스테아릴 지방알콜에 1급 발암물질 에틸렌옥사이드가 평균 20개 부가된 계면활성제.
⑥ 피이지-7글리세릴코코에이트(PEG-7 glycerylcocoate): 1급 발암물질 에틸렌옥사이드가 부가된 보습제.
⑦ 프로필렌글라이콜(propylene glycol): 2B급 발암물질 프로필렌옥사이드가 부가된 화합물로 보습제 등으로 사용됨.
⑧ 트리에탄올아민(triethanolamine): 1급 발암물질 에틸렌옥사이드가 부가된 화합물로 유화제 등으로 사용됨.

3. 국내 E회사 제품 - 2개

제품1 전성분: 정제수, 소듐라우레스설페이트, 코카미도프로필베타인, 글라이콜디스테아레이트, 코카마이드엠이에이, 바실꽃/잎추출물, 드럼스틱나무씨추출물, 하이드롤라이즈드케라틴, 포도주추출물, 케라틴, 석영, 판테놀, 향료, 세틸알코올, 세테아디모늄클로라이드, 암모늄클로라이드, 소듐라우로일사코시네이트, 카보머, 구아하이드록시프로필트리모늄클로라이드, 라우레스-10, 프로필렌글라이콜, 부틸렌글라이콜, 하이드록시프로필트리모늄하이드롤라이즈드옥수수전분, 스테아릴알코올, 미리스틸알코올, 디메치콘, 라우르디모늄하이드록시프로필하이드롤라이즈드밀단백질, 소듐하이드록사이드, 시트릭애씨드, 메칠파라벤, 글리세린, 메칠클로로이소치아졸리논, 메칠이소치아졸리논, 시트로넬롤, 제라니올, 리날룰, 벤질벤조에이트, 알파-이소메칠이오논, 하이드록시이소헥실3-사이클로헥센카복스알데히드, 부틸페닐메칠프로피오날

① 소듐라우레스설페이트(sodium laureth sulfate): 라우릴설페이트에 1급 발암물질 에틸렌옥사이드가 부가되고 소듐 이온이 결합된 계면활성제.

② 코카미도프로필베타인(cocamidopropyl betaine): 2B급 발암물질 아크릴로니트릴이 부가된 계면활성제로 거품형성 촉진 등에 사용됨.

③ 글라이콜디스테아레이트(glycol distearate): 1급 발암물질 에틸렌옥사이드가 부가된 화합물로 점도 증가용 등으로 사용됨.

④ 코카마이드엠이에이[cocamide MEA(monoethanolamine)]: 1급 발암물질 에틸렌옥사이드가 부가된 화합물로 거품형성 촉진 등에 사용됨.

⑤ 라우레스-10(laureth-10): 라우릴 지방알콜에 1급 발암물질 에틸렌옥사이드가 평균 10개 부가된 계면활성제.

⑥ 프로필렌글라이콜(propylene glycol): 2B급 발암물질 프로필렌옥사이

드가 부가된 화합물로 보습제 등으로 사용됨.

제품2 전성분: 정제수, 소듐라우릴설페이트, 소듐라우레스설페이트, 라우라마이드디이에이, 디메치콘, 향료, 코카미도프로필베타인, 베헨트리모늄클로라이드, 소듐설페이트, 글라이콜디스아레이트, 프로필렌글라이콜, 카보머, 구아하이드록시프로필트리모늄클로라이드, 소듐디라우라미도글루타마이드라이신, 부틸렌글라이콜, 피이지-14M, 미로탐누스플라벨리폴리아잎/줄기추출물, 개양귀비꽃추출물, 서양유채꽃추출물, 연꽃추출물, 작약꽃추출물, 벚꽃추출물, 에델바이스꽃추출물, 마돈나백합꽃추출물, 데이지꽃추출물, 아르니카꽃추출물, 수선화꽃추출물, 제비꽃추출물, 소듐클로라이드, 알지닌, 글루타믹애씨드, 글라이신, 암모늄설파이트, 암모늄바이설페이트, 암모늄설페이트, 소듐바이설파이트, 소듐설페이트, 소듐바이설페이트, 라우레스-4, 라우레스-23, 소듐벤조에이트, 소듐시트레이트, 시트릭애시드, 테트라소듐이디티에이, 디소듐이디티에이, 페녹시에탄올, 메칠클로로이소치아졸리논, 메칠이소치아졸리논, 적색 227호

① 소듐라우릴설페이트(sodium lauryl sulfate): 라우릴설페이트에 소듐 이온이 결합된 계면활성제.
② 소듐라우레스설페이트(sodium laureth sulfate): 라우릴설페이트에 1급 발암물질 에틸렌옥사이드가 부가되고 소듐 이온이 결합된 계면활성제.
③ 라우라마이드디이에이[lauramide DEA(diethanolamine)]: 라우릴 지방산

과 1급 발암물질 에틸렌옥사이드가 부가된 디이에이가 결합되어 생성된 계면활성제로서 거품형성 촉진 등에 사용됨. 여기서 디이에이는 제9장에서 언급한 바와 같이 2B급 발암물질로 규정된 물질임.

④ 코카미도프로필베타인(cocamidopropyl betaine): 2B급 발암물질 아크릴로니트릴이 부가된 계면활성제로 거품형성 촉진 등에 사용됨.

⑤ 글라이콜디스테아레이트(glycol distearate): 1급 발암물질 에틸렌옥사이드가 부가된 화합물로 점도 증가용 등으로 사용됨.

⑥ 프로필렌글라이콜(propylene glycol): 2B급 발암물질 프로필렌옥사이드가 부가된 화합물로 보습제 등으로 사용됨.

⑦ 피이지-14M(PEG(polyethylene glycol)-14M): 1급 발암물질 에틸렌옥사이드가 부가된 화합물로 유화제 등으로 사용됨.

⑧ 라우레스-4(laureth-4): 라우릴 지방알콜에 1급 발암물질 에틸렌옥사이드가 평균 4개 부가된 계면활성제.

⑨ 라우레스-23(laureth-23): 라우릴 지방알콜에 1급 발암물질 에틸렌옥사이드가 평균 23개 부가된 계면활성제.

4. 국내 L회사 제품 - 4개

제품1 전성분: 정제수, 소듐라우레스설페이트, 코카미도프로필베타인, 고삼추출물, 세신추출물, 휴먼올리고펩타이드-2, 휴먼올리고펩타이드-11, 소듐클로라이드, 돌꽃추출물, 디소듐코코암포디아세테이트, 폴리쿼터늄-10, 폴리쿼터늄-67, 하이드록시프로필에 칠셀룰로오스, 아크릴레이트/c10-30알킬아크릴레이트크로스폴리머, 디메치콘, 라우레스-4, 라우레스-23, 테트라소듐이디티에이, 트리에탄올아민, 카라멜, 클림바졸, 메칠이소치아졸리논, 메칠클로로이소치아졸리논, 향료, 알파-이소메칠이오논, 헥실신남알, 리날롤, 하이드록시이소헥실3-사이클로헥센카복스알데하이드

① 소듐라우레스설페이트(sodium laureth sulfate): 라우릴설페이트에 1급 발암물질 에틸렌옥사이드가 부가되고 소듐 이온이 결합된 계면활성제.
② 코카미도프로필베타인(cocamidopropyl betaine): 2B급 발암물질 아크릴로니트릴이 부가된 계면활성제로 거품형성 촉진 등에 사용됨.
③ 라우레스-4(laureth-4): 라우릴 지방알콜에 1급 발암물질 에틸렌옥사이드가 평균 4개 부가된 계면활성제.
④ 라우레스-23(laureth-23): 라우릴 지방알콜에 1급 발암물질 에틸렌옥사이드가 평균 23개 부가된 계면활성제.
⑤ 트리에탄올아민(triethanolamine): 1급 발암물질 에틸렌옥사이드가 부가된 화합물로 유화제 등으로 사용됨.

제품2 전성분: 정제수, 소듐라우레스설페이트, 암모늄라우릴설페이트, 글라이콜디스테아레이트, 디메치콘, 징크피리치온, 징크락테이트, 클로브꽃추출물, 모란뿌리추출물, 녹차추출물, 페퍼민트오일, 편백오일, 폴리쿼터늄-10, 폴리쿼터늄-7, 스타치하이드론시프로필트리모늄클로라이드디-C12-13알킬말레이트, 피이지-6카

프릴릭/카프릭글리세라이드, 라우릴하이드록시설테인, 디소듐코코암포리아세테이트, 라우레스-4, 라우레스-23, 코카마이드엠이에이, 트리하이드록시테아린, 피이지-14M, 소듐시트레이트, 시트릭애씨드, 소듐클로라이드, 트리에탄올아민, 소듐자일렌설포네이트, 멘톨, 향료, 녹색3호, 황색203호, 메칠파라벤, 소듐벤조에이트, 메칠클로로이소, 치아졸리논, 메칠이소치아졸리논

① 소듐라우레스설페이트(sodium laureth sulfate): 라우릴설페이트에 1급 발암물질 에틸렌옥사이드가 부가되고 소듐 이온이 결합된 계면활성제.

② 암모늄라우릴설페이트(ammonium lauryl sulfate): 라우릴설페이트에 암모늄 이온이 결합된 계면활성제.

③ 글라이콜디스테아레이트(glycol distearate): 1급 발암물질 에틸렌옥사이드가 부가된 화합물로 점도 증가용 등으로 사용됨.

④ 피이지-6카프릴릭/카프릭글리세라이드[PEG(polyethylene glycol)-6 caprylic/capric glyceride]: 1급 발암물질 에틸렌옥사이드가 부가된 화합물로 유연제와 유화제 등으로 사용됨.

⑤ 라우레스-4(laureth-4): 라우릴 지방알콜에 1급 발암물질 에틸렌옥사이드가 평균 4개 부가된 계면활성제.

⑥ 라우레스-23(laureth-23): 라우릴 지방알콜에 1급 발암물질 에틸렌옥사이드가 평균 23개 부가된 계면활성제.

⑦ 코카마이드엠이에이[cocamide MEA(monoethanolamine)]: 1급 발암물질 에틸렌옥사이드가 부가된 화합물로 거품형성 촉진 등에 사용됨.

⑧ 피이지-14M[PEG(polyethylene glycol)-14M]: 1급 발암물질 에틸렌옥사이

드가 부가된 화합물로 유화제 등으로 사용됨.
⑨ 트리에탄올아민(triethanolamine): 1급 발암물질 에틸렌옥사이드가 부가된 화합물로 유화제 등으로 사용됨.

제품3 전성분: 정제수, 소듐라우레스설페이트, 코카미도프로필베타인, 글라이콜디스테아레이트, 디메치콘, 디소듐코코암포디아세테이트, 코카마이드엠이에이, 세라신, 폴리비닐알코올, 아크릴레이트, C12-22알킬메타크릴레이트코폴리머, 하이드롤라이즈드실크, 폴리비닐아세테이트, 구아하이드록시프로필트리모늄클로라이드, 폴리쿼터늄-10, 폴리쿼터늄-73, 글리세릴하이드록시프로필라우르디모늄클로라이드, 비스-페녹시프로필디메치콘, 글리세릴이소스테아레이트, 라우레스-4, 라우레스-23, 시트릭애씨드, 테트라소듐이디티에이, 소듐클로라이드, 메칠이소치아졸리논, 메칠클로로이소치아졸리논, 소듐벤조에이트, 소듐자일렌설포네이트, 소듐시트레이트, 향료, 벤질살리실레이트, 리모넨, 헥실신남알, 리날룰, 하이드록시이소헥실3-사이클로헥센카복스알데하이드, 부틸페닐메칠프로피오날

① 소듐라우레스설페이트(sodium laureth sulfate): 라우릴설페이트에 1급 발암물질 에틸렌옥사이드가 부가되고 소듐 이온이 결합된 계면활성제.
② 코카미도프로필베타인(cocamidopropyl betaine): 2B급 발암물질 아크릴로니트릴이 부가된 계면활성제로 거품형성 촉진 등에 사용됨.
③ 글라이콜디스테아레이트(glycol distearate): 1급 발암물질 에틸렌옥사이드가 부가된 화합물로 점도 증가용 등으로 사용됨.

④ 코카마이드엠이에이(cocamide MEA(monoethanolamine)): 1급 발암물질 에틸렌옥사이드가 부가된 화합물로 거품형성 촉진 등에 사용됨.

⑤ 라우레스-4(laureth-4): 라우릴 지방알콜에 1급 발암물질 에틸렌옥사이드가 평균 4개 부가된 계면활성제.

⑥ 라우레스-23(laureth-23): 라우릴 지방알콜에 1급 발암물질 에틸렌옥사이드가 평균 23개 부가된 계면활성제.

제품4 전성분: 정제수, 소듐라우레스설페이트, 소듐라우릴설페이트, 소듐클로라이드, 아르간트리커넬오일, 신양벚나무꽃추출물, 다이아몬드가루, 옥설, 자수정가루, 토르말린, 진주가루, 디소듐코코암포디아세테이트, 디메치콘, 폴리쿼터늄-10, 세트리모늄클로라이드, 테트라소듐이디티에이, 아크릴레이트/C10-30알킬아크릴레이트크로스폴리머, 코카마이드엠이에이, 글라이콜디스테아레이트, 트리하이드록시스테아린, 피이지-14M, 소듐벤조에이트, 트리에탄올아민, 시트릭애씨드, 소듐자일렌설포네이트, 부틸렌글라이콜, 청색1호, 적색227호, 메칠클로로이소치아졸리논, 메칠이소치아졸리논, 향료

① 소듐라우레스설페이트(sodium laureth sulfate): 라우릴설페이트에 1급 발암물질 에틸렌옥사이드가 부가되고 소듐 이온이 결합된 계면활성제.

② 소듐라우릴설페이트(sodium lauryl sulfate): 라우릴설페이트에 소듐 이온이 결합된 계면활성제.

③ 코카마이드엠이에이(cocamide MEA(monoethanolamine)): 1급 발암물질 에틸렌옥사이드가 부가된 화합물로 거품형성 촉진 등에 사용됨.

④ 글라이콜디스테아레이트(glycol distearate): 1급 발암물질 에틸렌옥사이드가 부가된 화합물로 점도 증가용 등으로 사용됨.

⑤ 피이지-14M[PEG(polyethylene glycol)-14M]: 1급 발암물질 에틸렌옥사이드가 부가된 화합물로 유화제 등으로 사용됨.

⑥ 트리에탄올아민(triethanolamine): 1급 발암물질 에틸렌옥사이드가 부가된 화합물로 유화제 등으로 사용됨.

5. 국내 M회사 제품 - 3개

제품1 전성분: 정제수, 소듐라우레스설페이트, 소듐라우릴설페이트, 코카미도프로필베타인, 동백꽃수, 코카마이드엠이에이, 글라이콜디스테아레이트, 디메치콘, C12-15 파레스-3, 라우레스-10, 폴리쿼터늄-7, 구아하이드록시프로필트리모늄클로라이드, 동백오일, 레시틴, 부틸렌글라이콜, 글리세린, 에탄올, 소듐아스코빌포스페이트, 아스타잔틴, 유비퀴논, 폴리소르베이트20, 포도주추출물, 블루베리추출물, 쿼터늄-33, 호호바씨오일, 아르간트리커넬오일, 하수오추출물, 홍화추출물, 측백나무추출물, 은행잎추출물, 우엉씨추출물, 세신추출물, 백급추출물, 모란뿌리추출물, 마황추출물, 당귀추출물, 구기자추출물, 감초추출물, 숙지황추출물, 산수유추출물, 산약추출물, 택사추출물, 목단피추출물, 복령추출물, 디프로필렌글라이콜, 소듐클로라이드, 아크릴아미도프로필트리모늄클로라이드/아크릴아마이드코폴리머, 쿼터늄-80, 트리하이드록시스테아린, 디소듐이디티에이, 메칠클로로이소치아졸리논, 메칠이소치아졸리논, 시트릭애씨드, 메칠파라벤, 등색205호, 황색4호, 향료

① 소듐라우레스설페이트(sodium laureth sulfate): 라우릴설페이트에 1급 발암물질 에틸렌옥사이드가 부가되고 소듐 이온이 결합된 계면활성제.
② 소듐라우릴설페이트(sodium lauryl sulfate): 라우릴설페이트에 소듐 이온이 결합된 계면활성제.
③ 코카미도프로필베타인(cocamidopropyl betaine): 2B급 발암물질 아크릴로니트릴이 부가된 계면활성제로 거품형성 촉진 등에 사용됨.
④ 코카마이드엠이에이(cocamide MEA(monoethanolamine)): 1급 발암물질 에틸렌옥사이드가 부가된 화합물로 거품형성 촉진 등에 사용됨.
⑤ 글라이콜디스테아레이트(glycol distearate): 1급 발암물질 에틸렌옥사이드가 부가된 화합물로 점도 증가용 등으로 사용됨.
⑥ C12-15 파레스-3(C12-15 pareth-3): 탄소수가 12에서 15인 지방알콜에 1급 발암물질 에틸렌옥사이드가 평균 3개 부가된 계면활성제.
⑦ 라우레스-10(laureth-10): 라우릴 지방알콜에 1급 발암물질 에틸렌옥사이드가 평균 10개 부가된 계면활성제.
⑧ 폴리소르베이트20(polysorbate 20): 1급 발암물질 에틸렌옥사이드가 평균 20개 부가된 화합물로 유화제 등으로 사용됨.
⑨ 디프로필렌글라이콜(dipropylene glycol): 2B급 발암물질 프로필렌옥사이드가 부가된 화합물로 보습제 등으로 사용됨.

제품2 전성분: 정제수, 소듐라우릴설페이트, 아연피리치온, 라우라마이드디이에이, 코카미도프로필베타인, 티이에이-라우릴설페이트, 암모늄라우릴설페이트, 덱스판테놀, 쑥추출물, 구아하이드록시프로필트라이모늄클로라이드, 니코틴산아미드, 카보머, 트리에탄올아민, 엘-멘톨, 비오틴, 천궁추출물, 세신추출물, 상백피추출물, 창포추출물, 고삼추출물, 당귀 추출물, 녹차추출물, 수세미추출물, 서양송악뿌리줄기추출물, 의이인추출물, 인삼추출물, 벤조페논-5, 디소듐이디티에이, 메칠클로로이소치아졸리논메칠이소치아졸리논혼합액, 조합향료

① 소듐라우릴설페이트(sodium lauryl sulfate): 라우릴설페이트에 소듐 이온이 결합된 계면활성제.
② 라우라마이드디이에이[lauramide DEA(diethanolamine)]: 라우릴 지방산과 1급 발암물질 에틸렌옥사이드가 부가된 디이에이가 결합되어 생성된 계면활성제로서 거품형성 촉진 등에 사용됨. 여기서 디이에이는 제9장에서 언급한 바와 같이 2B급 발암물질로 규정된 물질임.
③ 코카미도프로필베타인(cocamidopropyl betaine): 2B급 발암물질 아크릴로니트릴이 부가된 계면활성제로 거품형성 촉진 등에 사용됨.
④ 티이에이-라우릴설페이트[TEA(triethanolamine) lauryl sulfate]: 1급 발암물질 에틸렌옥사이드가 부가된 티이에이가 라우릴설페이트에 결합된 계면활성제.
⑤ 암모늄라우릴설페이트(ammonium lauryl sulfate): 라우릴설페이트에 암모늄 이온이 결합된 계면활성제.
⑥ 트리에탄올아민(triethanolamine): 1급 발암물질 에틸렌옥사이드가 부

가된 화합물로 유화제 등으로 사용됨.

제품3 전성분: 정제수, 소듐라우레스설페이트, 소듐라우릴설페이트, 소듐클로라이드, 아르간트리커넬오일, 신양벚나무꽃추출물, 다이아몬드가루, 옥설, 자수정가루, 토르말린, 진주가루, 디소듐코코암포디아세테이트, 디메치콘, 폴리쿼터늄-10, 세트리모늄클로라이드, 테트라소듐이디티에이, 아크릴레이트/C10-30알킬아크릴레이트크로스폴리머, 코카마이드엠이에이, 글라이콜디스테아레이트, 트리하이드록시스테아린, 피이지-14M, 소듐벤조에이트, 트리에탄올아민, 시트릭애씨드, 소듐자일렌설포네이트, 부틸렌글라이콜, 청색1호, 적색227호, 메칠클로로이소치아졸리논, 메칠이소치아졸리논, 향료

① 소듐라우레스설페이트(sodium laureth sulfate): 라우릴설페이트에 1급 발암물질 에틸렌옥사이드가 부가되고 소듐 이온이 결합된 계면활성제.
② 소듐라우릴설페이트(sodium lauryl sulfate): 라우릴설페이트에 소듐 이온이 결합된 계면활성제.
③ 코카마이드엠이에이[cocamide MEA(monoethanolamine)]: 1급 발암물질 에틸렌옥사이드가 부가된 화합물로 거품형성 촉진 등에 사용됨.
④ 글라이콜디스테아레이트(glycol distearate): 1급 발암물질 에틸렌옥사이드가 부가된 화합물로 점도 증가용 등으로 사용됨.
⑤ 피이지-14M[PEG(polyethylene glycol)-14M]: 1급 발암물질 에틸렌옥사이드가 부가된 화합물로 유화제 등으로 사용됨.
⑥ 트리에탄올아민(triethanolamine): 1급 발암물질 에틸렌옥사이드가 부

가된 화합물로 유화제 등으로 사용됨.

6. 국내 N회사 제품 – 1개

제품 전성분: 소듐라우릴설페이트, 정제수, 소듐라우레스설페이트, 글리세린, 카보머, 코카미도프로필베타인, 산자나무추출물, 쐐기풀추출물, 유칼립투스잎추출물, 캐모마일꽃추출물, 알로에베라잎추출물, 로즈마리추출물, 마편초추출물, 티트리잎오일, 라우라마이드DEA, 디메치콘, 이소스테아릭애시드, 락틱애시드, 케라틴아미노산, 디소듐EDTA, 벤조페논-9, 소듐하이드록사이드, 폴리쿼터늄-10, 메틸클로로이소치아졸리논, 메틸이소치아졸리논, 알진아가, 크로뮴옥사이드그린, 산탄검, 금송뿌리추출물, 녹차추출물, 메틸파라벤, 에틸파라벤, 부틸파라벤, 로즈마리잎오일, 레몬추출물, 캐모마일꽃오일, 호호바씨오일, 황색4호, 적색227호, 청색1호, 향료

① 소듐라우릴설페이트(sodium lauryl sulfate): 라우릴설페이트에 소듐 이온이 결합된 계면활성제.
② 소듐라우레스설페이트(sodium laureth sulfate): 라우릴설페이트에 1급 발암물질 에틸렌옥사이드가 부가되고 소듐 이온이 결합된 계면활성제.
③ 코카미도프로필베타인(cocamidopropyl betaine): 2B급 발암물질 아크

릴로니트릴이 부가된 계면활성제로 거품형성 촉진 등에 사용됨.

④ 라우라마이드DEA[lauramide DEA(diethanolamine)]: 라우라마이드디이에이[lauramide DEA(diethanolamine)]: 라우릴 지방산과 1급 발암물질 에틸렌옥사이드가 부가된 디이에이가 결합되어 생성된 계면활성제로서 거품형성 촉진 등에 사용됨. 여기서 디이에이는 제9장에서 언급한 바와 같이 2B급 발암물질로 규정된 물질임.

7. 외국계 P회사 제품 - 2개

제품1 전성분: 정제수, 암모늄라우레스설페이트, 암모늄라우릴설페이트, 디메치콘, 소듐클로라이드, 글라이콜디스테아레이트, 암모늄자알렌설포네이트, 세틸알코올, 코카마이드엠이에이, 향료, 폴리쿼터늄-10, 소듐시트레이트, 하이드로제네이티드폴리데센, 소듐벤조에이트, 디소듐이디티에이, 피이지-7M, 트리메칠올프로판트리카프릴레이트, 트리카프레이트, 시트릭애씨드, 판테놀, 판테닐에칠에텔, 라이신에이치씨엘, 메칠티로시네이트에이치씨엘, 히스티딘, 토코페릴아세테이트, 메칠클로로이소치아졸리논, 메칠이소치아졸리논, 리날룰, 부티페닐메칠프로피오날, 헥실신남알, 벤질살리실레이트, 벤질벤조에이트

① 암모늄라우레스설페이트(ammonium laureth sulfate): 라우릴설페이트에

1급 발암물질 에틸렌옥사이드가 부가되고 암모늄 이온이 결합된 계면활성제.

② 암모늄라우릴설페이트(ammonium lauryl sulfate): 라우릴설페이트에 암모늄 이온이 결합된 계면활성제.

③ 글라이콜디스테아레이트(glycol distearate): 1급 발암물질 에틸렌옥사이드가 부가된 화합물로 점도 증가용 등으로 사용됨.

④ 코카마이드엠이에이[cocamide MEA(monoethanolamine)]: 1급 발암물질 에틸렌옥사이드가 부가된 화합물로 거품형성 촉진 등에 사용됨.

⑤ 피이지-7M[PEG(polyethylene glycol)-7M]: 1급 발암물질 에틸렌옥사이드가 부가된 화합물로 유화제 등으로 사용됨.

제품2 전성분: 정제수, 소듐라우레스설페이트, 소듐라우릴설페이트, 코카마이드엠이에이, 징크카보네이트, 글라이콜디스테아레이트, 디메치콘, 징크피라치온, 소듐클로라이드, 향료, 세틸알코올, 폴리쿼터늄-10, 소듐자일렌설포네이트, 마그네슘 설페이트, 소듐벤조에이트, 암모늄라우레스설페이트, 마그네슘카보네이트하이드록사이드, 벤질알코올, 메칠클로로이소치아졸리논, 메칠이소치아졸리논

① 소듐라우레스설페이트(sodium laureth sulfate): 라우릴설페이트에 1급 발암물질 에틸렌옥사이드가 부가되고 소듐 이온이 결합된 계면활성제.

② 소듐라우릴설페이트(sodium lauryl sulfate): 라우릴설페이트에 소듐 이온이 결합된 계면활성제.

③ 코카마이드엠이에이[cocamide MEA(monoethanolamine)]: 1급 발암물질

에틸렌옥사이드가 부가된 화합물로 거품형성 촉진 등에 사용됨.

④ 글라이콜디스테아레이트(glycol distearate): 1급 발암물질 에틸렌옥사이드가 부가된 화합물로 점도 증가용 등으로 사용됨.

⑤ 암모늄라우레스설페이트(ammonium laureth sulfate): 라우릴설페이트에 1급 발암물질 에틸렌옥사이드가 부가되고 암모늄 이온이 결합된 계면활성제.

8. 외국계 U회사 제품 – 1개

제품 전성분: 정제수, 소듐라우레스설페이트, 글라이콜디스테아레이트, 코카미도프로필베타인, 디메치콘올, 카보머, 트레할로스, 암모늄카보네이트, 알지닌, 사이클로메치콘, 글루코노락톤, 구아하이드록시프로필트리모늄클로라이드, 티이에이-설페이트, 시트릭애씨드, 디소듐이디티에이, 티이에이-도데실벤젠설포네이트, 피피지-7, 라우레스-23, 아디픽애씨드, 하이드롤라이즈드케라틴, 황색4호, 황색5호, 소듐클로라이드, 소듐벤조에이트, 메칠클로로이소치아졸리논/메칠이소치아졸리논, 부틸페닐메칠프로피오날, 시트로넬롤, 헥실신남알, 리모넨, 향료

① 소듐라우레스설페이트(sodium laureth sulfate): 라우릴설페이트에 1급 발암물질 에틸렌옥사이드가 부가되고 소듐 이온이 결합된 계면활성제.

② 글라이콜디스테아레이트(glycol distearate): 1급 발암물질 에틸렌옥사이드가 부가된 화합물로 점도 증가용 등으로 사용됨.

③ 코카미도프로필베타인(cocamidopropyl betaine): 2B급 발암물질 아크릴로니트릴이 부가된 계면활성제로 거품형성 촉진 등에 사용됨.

④ 티이에이-설페이트[TEA(triethanolamine)-sulfate]: 1급 발암물질 에틸렌옥사이드가 부가된 TEA가 결합된 설페이트.

⑤ 티이에이-도데실벤젠설포네이트[TEA(triethanolamine)-dodecylbenzenesufonate]: 1급 발암물질 에틸렌옥사이드가 부가된 TEA가 결합된 계면활성제. 도데실벤젠설포네이트는 주로 세탁용 세정제로 사용되는 알킬벤젠설포네이트의 일종으로 독성이 강하여 일반적으로 피부에 직접 노출되어 사용되는 계면활성제가 아님.

⑥ 피피지-7(polypropylene glycol-7): 2B급 발암물질 프로필렌옥사이드가 부가된 화합물로 보습제 등으로 사용됨.

⑦ 라우레스-23(laureth-23): 라우릴 지방알콜에 1급 발암물질 에틸렌옥사이드가 평균 23개 부가된 계면활성제.

9. 국내 H회사 제품: 식품의약품안전처가 허가한 의약외품인 탈모 방지 및 양모용 샴푸

제품 전성분: 소듐라우레스설페이트 화합물, 정제수, 라우라미도프로필베타인, 소듐라우릴로사코시네이트, 폴리쿼터늄-7, 라우라마이

드디이에이, 코카마이드디이에이, 프로필렌글라이콜, 하이드롤라이즈케라틴, 하이들롤라이즈드콜라겐피지-프로필메칠실란디올, 시트릭애씨드, 소듐코코일아미노산, 포타슘디메치콘피이지-7 판테닐포스페이트, 글라이콜스테아레이트, 부틸렌글라이콜, 당귀추출물, 천궁추출물, 피이지-120메칠글루코오스디올리에이트, 폴리쿼터늄-10, 피이지-8, 디포타슘글리시리제이트, 멘톨, 메칠이소졸리논, 메칠클로로이소치아졸리논, 아이오도프로피닐부틸카바메이트, 클림바졸, 디소듐이디티에이, 황색4호, 청색1호, 향료

① 소듐라우레스설페이트(sodium laureth sulfate): 라우릴설페이트에 1급 발암물질 에틸렌옥사이드가 부가되고 소듐 이온이 결합된 계면활성제.
② 라우라미도프로필베타인(lauramidopropyl betaine): 2B급 발암물질 아크릴로니트릴이 부가된 계면활성제로 거품형성 촉진 등에 사용됨.
③ 라우라마이드디이에이[lauramide DEA(diethanolamine)]: 라우릴 지방산과 1급 발암물질 에틸렌옥사이드가 부가된 디이에이가 결합되어 생성된 계면활성제로서 거품형성 촉진 등에 사용됨. 여기서 디이에이는 제9장에서 언급한 바와 같이 2B급 발암물질로 규정된 물질임.
④ 코카마이드디이에이[cocamide DEA(diethanolamine)]: 코코넛 오일의 지방산과 1급 발암물질 에틸렌옥사이드가 부가된 디이에이(디에탄올아민)가 결합된 계면활성제로서 거품형성 촉진 등에 사용됨. 여기서 디이에이는 제9장에서 언급한 바와 같이 2B급 발암물질로 규정된 물질임. 이뿐만 아니라 계면활성제인 코카마이드디이에이 그 자체도 제9장에서 언급한 바와 같이 2B급 발암물질로 규정된 물질임. 따라서

이 제품은 공개적으로 발암물질을 샴푸 원료로 사용하고 있다는 의미임.

⑤ 프로필렌글라이콜(propylene glycol): 2B급 발암물질 프로필렌옥사이드가 부가된 화합물로 보습제 등으로 사용됨.

⑥ 포타슘디메치콘피이지-7 판테닐포스페이트(potassium dimethicone PEG(polyethylene glycol)-7 panthenyl phosphate): 1급 발암물질 에틸렌옥사이드가 부가된 계면활성제.

⑦ 글라이콜스테아레이트(glycol stearate): 1급 발암물질 에틸렌옥사이드가 부가된 화합물로 점도 증가용 등으로 사용됨.

⑧ 피이지-120메칠글루코오스디올리에이트[PEG(polyethylene glycol)-120 methyl glucose dioleate]: 1급 발암물질 에틸렌옥사이드가 부가된 계면활성제.

⑨ 피이지-8[PEG(polyethylene glycol)-8]: 1급 발암물질 에틸렌옥사이드가 부가된 화합물로 유화제 등으로 사용됨.

제12장

바디워시 제품 전성분과 우려되는 계면활성제 성분

 제12장 바디워시 제품 전성분과 우려되는 계면활성제 성분

 이 책에서 소개된 계면활성제가 포함된 바디워시 제품을 시중에서 쉽게 찾을 수 있다. 외국계 회사를 포함한 8개 회사에서 생산된 9개 바디워시 제품의 전성분이 소개되었으며 각 제품마다 다양한 종류의 계면활성제가 포함되어 있음을 관찰할 수 있다. 이 중 한 제품은 공개적으로 발암물질인 계면활성제 코카마이드디이에이를 원료로 사용하고 있었다.

1. 국내 A회사 제품 – 2개

제품1 전성분: 정제수, 암모늄라우레스설페이트, 코카미도프로필베타인, 암모늄라우릴설페이트, 소르비톨, 바나나수, 사과수, 마시멜로뿌리추출물, 알로에베라잎추출물, 구아하이드록시프로필트리모늄클로라이드, 세틸알코올, 소듐클로라이드, 스타이렌/아크릴레이트코폴리머, 시트릭애씨드, 코카마이드엠이에이, 코코-글루코사이드, 트리하이드록시스테아린, 쌀수, 콩수, 코코넛수, 메칠이소치아졸리논, 메칠클로로이소치아졸리논, 메칠파라벤, 소듐벤조에이트, 페녹시에탄올, 향료

① 암모늄라우레스설페이트(ammonium laureth sulfate): 라우릴설페이트에 1급 발암물질 에틸렌옥사이드가 부가되고 암모늄 이온이 결합된 계면활성제.
② 코카미도프로필베타인(cocamidopropyl betaine): 2B급 발암물질 아크릴로니트릴이 부가된 계면활성제로 거품형성 촉진 등에 사용됨.
③ 암모늄라우릴설페이트(ammonium lauryl sulfate): 라우릴설페이트에 암모늄 이온이 결합된 계면활성제.
④ 코카마이드엠이에이[cocamide MEA(monoethanolamine)]: 1급 발암물질 에틸렌옥사이드가 부가된 화합물로 거품형성 촉진 등에 사용됨.

제품2 전성분: 정제수, 암모늄라우레스설페이트, 코카미도프로필베타인, 암모늄라우릴설페이트, 코카마이드엠이에이, 다마스크장미꽃수(모로코로즈워터), 장미꽃오일, 로즈힙꽃오일, 마시멜로뿌리추출물, 알로에베라잎추출물, 글라이콜디스테아레이트, 글리세린, 라우레스-10, 소듐라우릴설페이트, 소듐클로라이드, 소이아미도프로필아민옥사이드, 시트릭애씨드, 오렌지수, 라임수, 서양장미꽃추출물, 카프릴릭/카프릭트리글리세라이드, 오렌지오일, 라벤더오일, 에탄올, 피이지-14M, 에티드로닉애씨드, 메칠이소치아졸리논, 메칠클로로이소치아졸리논, 페녹시에탄올,

향료, 소듐벤조에이트

① 암모늄라우레스설페이트(ammonium laureth sulfate): 라우릴설페이트에 1급 발암물질 에틸렌옥사이드가 부가되고 암모늄 이온이 결합된 계면활성제.
② 코카미도프로필베타인(cocamidopropyl betaine): 2B급 발암물질 아크릴로니트릴이 부가된 계면활성제로 거품형성 촉진 등에 사용됨.
③ 암모늄라우릴설페이트(ammonium lauryl sulfate): 라우릴설페이트에 암모늄 이온이 결합된 계면활성제.
④ 코카마이드엠이에이[cocamide MEA(monoethanolamine)]: 1급 발암물질 에틸렌옥사이드가 부가된 화합물로 거품형성 촉진 등에 사용됨.
⑤ 글라이콜디스테아레이트(glycol distearate): 1급 발암물질 에틸렌옥사이드가 부가된 화합물로 점도 증가용 등으로 사용됨.
⑥ 라우레스-10(laureth-10): 라우릴 지방알콜에 1급 발암물질 에틸렌옥사이드가 평균 10개 부가된 계면활성제.
⑦ 소듐라우릴설페이트(sodium lauryl sulfate): 라우릴설페이트에 소듐 이온이 결합된 계면활성제.
⑧ 피이지-14M[PEG(polyethylene glycol)-14M]: 1급 발암물질 에틸렌옥사이드가 부가된 화합물로 유화제 등으로 사용됨.

2. 국내 C회사 제품 - 1개

제품 전성분: 정제수, 소듐라우레스설페이트, 코카마이드엠이에이, 코카미도프로필베타인, 티이에이-라우릴설페이트, 에버라스팅추출물, 노니잎추출물, 등골나물아재비잎추출물, 푸아케니-케니꽃추출물, 띠아레꽃추출물(1,000ppm), 해수, 피이지-40하이드로제네이티드캐스터오일, 라우라마이드디이에이, 글리세린, 디소듐코코암포디아세테이트, 스타이렌/브이피코폴리머, 소듐클로라이드, 피이지-150디스테아레이트, 시트릭애씨드, 폴리쿼터늄-10, 소듐피이지-7올리브오일카복실레이트, 부틸렌글라이콜, 디소듐이디티에이, 페녹시에탄올, 메칠클로로이소치아졸리논, 메칠이소치아졸리논, 벤질알코올, 벤조페논-4, 포타슘소르베이트, 향료, 황색4호(CI 19140)

① 소듐라우레스설페이트(sodium laureth sulfate): 라우릴설페이트에 1급 발암물질 에틸렌옥사이드가 부가되고 소듐 이온이 결합된 계면활성제.

② 코카마이드엠이에이[cocamide MEA(monoethanolamine)]: 1급 발암물질 에틸렌옥사이드가 부가된 화합물로 거품형성 촉진 등에 사용됨.

③ 코카미도프로필베타인(cocamidopropyl betaine): 2B급 발암물질 아크릴로니트릴이 부가된 계면활성제로 거품형성 촉진 등에 사용됨.

④ 티이에이-라우릴설페이트[TEA(triethanolamine) lauryl sulfate]: 1급 발암물질 에틸렌옥사이드가 부가된 티이에이가 라우릴설페이트에 결합된 계면활성제.

⑤ 피이지-40하이드로제네이티드캐스터오일[PEG(polyethylene glycol)-40

hydrogenated castor oil]: 수소화된 캐스터 오일에 1급 발암물질 에틸렌옥사이드가 부가된 계면활성제.

⑥ 라우라마이드디이에이[lauramide DEA(diethanolamine)]: 라우릴 지방산과 1급 발암물질 에틸렌옥사이드가 부가된 디이에이가 결합되어 생성된 계면활성제로서 거품형성 촉진 등에 사용됨. 여기서 디이에이는 제9장에서 언급한 바와 같이 2B급 발암물질로 규정된 물질임.

⑦ 피이지-150디스테아레이트[PEG(polyethylene glycol)-150 distearate]: 1급 발암물질 에틸렌옥사이드가 부가된 화합물로 유화제 등으로 사용됨.

⑧ 소듐피이지-7올리브오일카복실레이트[Sodium PEG(polyethylene glycol)-7 olive oil carboxylate]: 1급 발암물질 에틸렌옥사이드가 부가된 계면활성제.

3. 국내 L회사 제품 – 1개

제품 전성분: 정제수, 라우릭애씨드, 소듐라우레스설페이트, 소듐라우릴설페이트, 코카미도프로필베타인, 글리세린, 소듐클로라이드, 디소듐코코암포디아세테이트, 포타슘하이드록사이드, 미리스틱애씨드, 코카마이드엠이에이, 부틸렌글라이콜, 녹차추출물, 올리브오일, 하이드록시프로필메칠셀룰로오스, 피이지-150펜타에리스리틸테트라스테아레이트, 피피지-2하이드록시에칠코카마이드, 디소듐이디티에이, 메칠클로로이소치아졸리논, 메칠이

소치아졸리논, 소듐벤조트리아졸릴부틸페놀설포네이트, 부테스-3, 트리부틸시트레이트, 녹색3호, 황색4호, 향료, 시트로넬올, 하이드록시이소헥실3-사이클로헥센카복스알데하이드, 리모넨, 리날룰

① 소듐라우레스설페이트(sodium laureth sulfate): 라우릴설페이트에 1급 발암물질 에틸렌옥사이드가 부가되고 소듐 이온이 결합된 계면활성제.
② 소듐라우릴설페이트(sodium lauryl sulfate): 라우릴설페이트에 소듐 이온이 결합된 계면활성제.
③ 코카미도프로필베타인(cocamidopropyl betaine): 2B급 발암물질 아크릴로니트릴이 부가된 계면활성제로 거품형성 촉진 등에 사용됨.
④ 코카마이드엠이에이[cocamide MEA(monoethanolamine)]: 1급 발암물질 에틸렌옥사이드가 부가된 화합물로 거품형성 촉진 등에 사용됨.
⑤ 피이지-150펜타에리스리틸테트라스테아레이트(PEG[polyethylene glycol)-150 pentaerythrityl tetrastearate]: 1급 발암물질 에틸렌옥사이드가 부가된 화합물로 유화제 등으로 사용됨.
⑥ 피피지-2하이드록시에칠코카마이드[PPG(Polypropylene glycol)-2 hydroxyethyl cocamide]: 2B급 발암물질 프로필렌옥사이드가 부가된 화합물로 거품형성과 점도 증가용 등으로 사용됨.
⑦ 부테스-3(buteth-3): 부틸 지방알콜에 1급 발암물질 에틸렌옥사이드가 평균 3개 부가된 계면활성제.

4. 국내 M회사 제품 - 1개

제품 전성분: 정제수, 소듐라우레스설페이트, 코카미도프로필베타인, 편백수, 글라이콜디스테아레이트, 소듐라우릴설페이트, 라우라마이드디이에이, 소듐클로라이드, 향료, 글리세린, 로즈마리잎추출물, 페퍼민트잎추출물, 베르가모트잎추출물, 소르비톨, 피피지-2하이드록시에칠코코/이소스테아라마이드, 폴리쿼터늄-7, 폴리쿼터늄-10, 부틸렌글라이콜, 시트릭애씨드, 벤조페논-5, 비에이치티, 디소듐이디티에이, 펜틸렌글라이콜, 우레아, 소듐락테이트, 세린, 락틱애씨드, 알란토인, 메칠파라벤, 클로페네신, 황색4호, 청색1호

① 소듐라우레스설페이트(sodium laureth sulfate): 라우릴설페이트에 1급 발암물질 에틸렌옥사이드가 부가되고 소듐 이온이 결합된 계면활성제.

② 코카미도프로필베타인(cocamidopropyl betaine): 2B급 발암물질 아크릴로니트릴이 부가된 계면활성제로 거품형성 촉진 등에 사용됨.

③ 글라이콜디스테아레이트(glycol distearate): 1급 발암물질 에틸렌옥사이드가 부가된 화합물로 점도 증가용 등으로 사용됨.

④ 소듐라우릴설페이트(sodium lauryl sulfate): 라우릴설페이트에 소듐 이온이 결합된 계면활성제.

⑤ 라우라마이드디이에이[lauramide DEA(diethanolamine)]: 라우릴 지방산과 1급 발암물질 에틸렌옥사이드가 부가된 디이에이가 결합되어 생성된 계면활성제로서 거품형성 촉진 등에 사용됨. 여기서 디이에이는 제9장에서 언급한 바와 같이 2B급 발암물질로 규정된 물질임.

⑥ 피피지-2하이드록시에칠코코/이소스테아라마이드[PPG(polypropylene glycol)-2 hydroxyethyl coco/isostearamide]:

-2 hydroxyethyl cocamide]: 2B급 발암물질 프로필렌옥사이드가 부가된 화합물로 거품형성과 점도 증가용 등으로 사용됨.

5. 국내 S회사 제품 - 1개

제품 전성분: 정제수, 소듐라우레스설페이트, 소듐라우릴설페이트, 코카미도프로필베타인, 코카마이드디이에이, 라우라마이드디이에이, 디소듐이디티에이, 시트릭애씨드, 향료, 쟈스민오일, 무환자추출물, 온천수, 비누풀잎추출물, 라벤더추추물, 쟈스민추출물, 로즈마리잎추출물, 금송뿌리추출물, 지구자추출물, 마치현추출물, 캐모마일잎추출물, 클라라추출물, 부틸렌글라이콜, 1,2-헥산디올, 카프릴릴글라이콜, 트로폴론, 페녹시에탄올, 에칠헥실글리세린, 메칠클로로이소치아졸리논, 메칠이소치아졸리논

① 소듐라우레스설페이트(sodium laureth sulfate): 라우릴설페이트에 1급 발암물질 에틸렌옥사이드가 부가되고 소듐 이온이 결합된 계면활성제.
② 소듐라우릴설페이트(sodium lauryl sulfate): 라우릴설페이트에 소듐 이온이 결합된 계면활성제.
③ 코카미도프로필베타인(cocamidopropyl betaine): 2B급 발암물질 아크

릴로니트릴이 부가된 계면활성제로 거품형성 촉진 등에 사용됨.

④ 코카마이드디이에이[cocamide DEA(diethanolamine)]: 코코넛 오일의 지방산과 1급 발암물질 에틸렌옥사이드가 부가된 디이에이(디에탄올아민)가 결합된 계면활성제로서 거품형성 촉진 등에 사용됨. 여기서 디이에이는 제9장에서 언급한 바와 같이 2B급 발암물질로 규정된 물질임. 이뿐만 아니라 계면활성제인 코카마이드디이에이 그 자체도 제9장에서 언급한 바와 같이 2B급 발암물질로 규정된 물질임. 따라서 이 제품은 공개적으로 발암물질을 바디워시 세정제 원료로 사용하고 있다는 의미임.

⑤ 라우라마이드디이에이[lauramide DEA(diethanolamine)]: 라우릴 지방산과 1급 발암물질 에틸렌옥사이드가 부가된 디이에이가 결합되어 생성된 계면활성제로서 거품형성 촉진 등에 사용됨. 여기서 디이에이는 제9장에서 언급한 바와 같이 2B급 발암물질로 규정된 물질임.

6. 외국계 O회사 제품 – 1개

제품 전성분: 정제수, 소듐라우레스설페이트, 코카미도프로필베타인, 프로필렌글리콜, 소듐락테이트, 글리세린, 소듐클로라이드, 살리실릭애씨드, 소듐하이드록사이드, 하이드록시프로필메칠셀룰로오스, 소듐시트레이트, 시트릭애씨드, 클로로자이레놀, 메칠클로로이소치아졸리논, 메칠이소치아졸리논, 테트라소듐이디티

에이, 폴리쿼터늄-7, 멘톨, 청색1호

① 소듐라우레스설페이트(sodium laureth sulfate): 라우릴설페이트에 1급 발암물질 에틸렌옥사이드가 부가되고 소듐 이온이 결합된 계면활성제.
② 코카미도프로필베타인(cocamidopropyl betaine): 2B급 발암물질 아크릴로니트릴이 부가된 계면활성제로 거품형성 촉진 등에 사용됨.
③ 프로필렌글리콜(propylene glycol): 2B급 발암물질 프로필렌옥사이드가 부가된 화합물로 보습제 등으로 사용됨.

7. 외국계 U회사 제품 – 1개

제품 전성분: 정제수, 소듐라우레스설페이트, 코카미도프로필베타인, 해바라기씨오일, 페트롤라툼, 라우릭애씨드, 코카마이드엠이에이, 글리세린, 향료, 구아하이드록시프로필트리모늄클로라이드, 소듐벤조에이트, 시트릭애씨드, 테트라소듐이디티에이, 티타늄디옥사이드, 부틸레이티드하이드록시아니솔, 토코페릴아세테이트, 적색504호, 황색4호

① 소듐라우레스설페이트(sodium laureth sulfate): 라우릴설페이트에 1급 발암물질 에틸렌옥사이드가 부가되고 소듐 이온이 결합된 계면활성제.
② 코카미도프로필베타인(cocamidopropyl betaine): 2B급 발암물질 아크

릴로니트릴이 부가된 계면활성제로 거품형성 촉진 등에 사용됨.
③ 코카마이드엠이에이(cocamide MEA(monoethanolamine)): 1급 발암물질 에틸렌옥사이드가 부가된 화합물로 거품형성 촉진 등에 사용됨.

8. 외국계 J회사 제품 – 1개

제품 전성분: 정제수, 암모늄라우릴설페이트, 코카미도프로필베타인, 소듐라우레스설페이트, 라우릴글루코사이드, 소듐메틸코코일타우레이트, 글리세린, 디소듐코코암포디아세테이트, 소듐라우로일사코시네이트, 글라이콜디스테아레이트, 폴리쿼터늄-47, 페녹시에탄올, 향료, 트리데세스-9, 디소듐이디티에이, 아크릴레이트/C10-30알킬아크릴레이트크로스폴리머, 메칠파라벤, 프로필파라벤, 페트롤라툼, 피이지-40하이드로제네이티드캐스터오일, 토코페릴아세테이트, 피이지-5에칠헥사노에이트, 하이드롤라이즈드밀단백질피지-프로필실란트리올, 소듐하이드록사이드

① 암모늄라우릴설페이트(ammonium lauryl sulfate): 라우릴설페이트에 암모늄 이온이 결합된 계면활성제.
② 코카미도프로필베타인(cocamidopropyl betaine): 2B급 발암물질 아크릴로니트릴이 부가된 계면활성제로 거품형성 촉진 등에 사용됨.
③ 소듐라우레스설페이트(sodium laureth sulfate): 라우릴설페이트에 1급 발

암물질 에틸렌옥사이드가 부가되고 소듐 이온이 결합된 계면활성제.

④ 글라이콜디스테아레이트(glycol distearate): 1급 발암물질 에틸렌옥사이드가 부가된 화합물로 점도 증가용 등으로 사용됨.

⑤ 트리데세스-9(trideceth-9): 트리데실 지방알콜에 1급 발암물질 에틸렌옥사이드가 평균 9개 부가된 계면활성제.

⑥ 피이지-40하이드로제네이티드캐스터오일[PEG(polyethylene glycol)-40 hydrogenated castor oil]: 수소화된 캐스터 오일에 1급 발암물질 에틸렌옥사이드가 부가된 계면활성제.

⑦ 피이지-5에칠헥사노에이트[PEG(polyethylene glycol)-5 ethyl hexanoate]: 1급 발암물질 에틸렌옥사이드가 부가된 화합물로 유화제 등으로 사용됨.

제13장

항균 핸드워시 전성분과 우려되는 계면활성제 성분

제13장 항균 핸드워시 전성분과 우려되는 계면활성제 성분

특히 여름철에 미생물 감염 질환 발생을 예방하기 위해 손을 더 자주 씻는다. 예전에는 손 씻기에 일반 비누를 사용하였지만 지금은 항균성분이 포함된 항균 핸드워시 또는 손 씻기 전용 핸드워시를 사용한다. 핸드워시는 이제 가족 구성원 모두 사용하는 손 세정제로 자리매김하였으며 특히 바깥놀이 후 어린이들의 손 청결 유지에 필수적이라 여겨지고 있다. 이 장에서는 시중에서 판매되는 주요 핸드워시를 4개 선택하여 전성분을 알아보았다. 이 중 두 제품은 공개적으로 발암물질인 계면활성제 코카마이드디이에이를 원료로 사용하고 있었다. 성인은 물론 어린이들의 손 청결 유지에도 사용되는 핸드워시에 발암물질이 포함되어 시중에 유통되고 있다는 사실은 매우 우려스러운 일이다.

1. 국내 O회사 제품 – 1개

제품 전성분: 정제수, 소듐라우레스설페이트, 코카마이도프로필베타인, 글리세린, 살리실릭애씨드, 아크릴레이트/피이지-10 말레이트/스티렌코폴리머, 폴리쿼터늄-7, 향료, 클로로자이레놀, 테트라소듐이디티에이, 메칠클로로이소치아졸리논, 메칠이소치아졸리논혼합액, 소듐클로라이드, 시트릭애씨드

① 소듐라우레스설페이트(sodium laureth sulfate): 라우릴설페이트에 1급 발암물질 에틸렌옥사이드가 부가되고 소듐 이온이 결합된 계면활성제.
② 코카마이도프로필베타인(cocamidopropyl betaine): 2B급 발암물질 아크릴로니트릴이 부가된 계면활성제로 거품형성 촉진 등에 사용됨.
③ 아크릴레이트/피이지-10 말레이트/스티렌 코폴리머[Acrylate/PEG(polyethylene glycol)-10 Maleate/Stylene Copolymer]: 아크릴레이트, 피이지-10 말레이트, 스티렌 코폴리머 혼합물이며 이중 피이지-10 말레이트는 1급 발암물질 에틸렌옥사이드가 부가된 화합물.

2. 국내 C회사 제품 – 2개

제품1 전성분: 정제수, 글리세린, 라우릭애씨드, 포타슘하이드록사이드, 미리스틱애씨드, 스테아레스-11, 라우릴베타인, 에탄올아민, 프

로필렌글라이콜, 향료, o-사이멘-5-올, 테트라소듐이디티에이, 폴리스타이렌, 적색401호

① 스테아레스-11(steareth-11): 스테아릴 지방알콜에 1급 발암물질 에틸렌옥사이드가 평균 11개 부가된 계면활성제.
② 에탄올아민(ethanolamine): 1급 발암물질 에틸렌옥사이드와 암모니아 액체가 반응하여 생성된 물질로 계면활성제 원료 등으로 사용됨.
③ 프로필렌글라이콜(propylene glycol): 2B급 발암물질 프로필렌옥사이드가 부가된 화합물로 보습제 등으로 사용됨.

제품2 전성분: 정제수, 소듐라우레스설페이트, 글리세린, 에탄올, 헥실렌글라이콜, 코카미도프로필베타인, 피이지-12디메치콘, 라우라민옥사이드, 코카마이드디이에이, 향료, o-사이멘-5-올, 복숭아나무잎추출물(10ppm), 시트릭애씨드, 소듐벤조에이트

① 소듐라우레스설페이트(sodium laureth sulfate): 라우릴설페이트에 1급 발암물질 에틸렌옥사이드가 부가되고 소듐 이온이 결합된 계면활성제.
② 코카미도프로필베타인(cocamidopropyl betaine): 2B급 발암물질 아크릴로니트릴이 부가된 계면활성제로 거품형성 촉진 등에 사용됨.
③ 피이지-12디메치콘[PEG(polyethylene glycol)-12 dimethicone]: 1급 발암물질 에틸렌옥사이드가 부가된 화합물로 피부 컨디셔닝제 등으로 사용됨.
④ 코카마이드디이에이[cocamide DEA(diethanolamine)]: 코코넛 오일의 지방산과 1급 발암물질 에틸렌옥사이드가 부가된 디이에이(디에탄올

아민)가 결합된 계면활성제로서 거품형성 촉진 등에 사용됨. 여기서 디이에이는 제9장에서 언급한 바와 같이 2B급 발암물질로 규정된 물질임. 이뿐만 아니라 계면활성제인 코카마이드디이에이 그 자체도 제9장에서 언급한 바와 같이 2B급 발암물질로 규정된 물질임. 따라서 이 제품은 공개적으로 발암물질을 항균 핸드워시 원료로 사용하고 있다는 의미임.

3. 외국계 M회사 제품 – 1개

제품 전성분: 정제수, 소듐라우릴설페이트, 코카마이드디이에이, 코카미도프로필베타인, 소듐클로라이드, 메칠이소치아졸리논, 알로에베라젤, 비타민E, 글리세린, 색소, 향료

① 소듐라우릴설페이트(sodium lauryl sulfate): 라우릴설페이트에 소듐 이온이 결합된 계면활성제.
② 코카마이드디이에이[cocamide DEA(diethanolamine)]: 코코넛 오일의 지방산과 1급 발암물질 에틸렌옥사이드가 부가된 디이에이(디에탄올아민)가 결합된 계면활성제로서 거품형성 촉진 등에 사용됨. 여기서 디이에이는 제9장에서 언급한 바와 같이 2B급 발암물질로 규정된 물질임. 이뿐만 아니라 계면활성제인 코카마이드디이에이 그 자체도 제9장에서 언급한 바와 같이 2B급 발암물질로 규정된 물질임. 따라

서 이 제품은 공개적으로 발암물질을 핸드워시 원료로 사용하고 있다는 의미임.

③ 코카미도프로필베타인(cocamidopropyl betaine): 2B급 발암물질 아크릴로니트릴이 부가된 계면활성제로 거품형성 촉진 등에 사용됨.

제14장

신생아/베이비 세정제 전성분과 우려되는 계면활성제 성분

 신생아/베이비 세정제 전성분과 우려되는 계면활성제 성분

  시중에서 구매할 수 있는 신생아/베이비 세정제에서도 발암물질인 계면활성제 코카마이드디이에이가 세정제 원료로 사용되고 있음을 쉽게 관찰할 수 있었다. 또한 백혈병과 유방암 발병을 야기하는 1급 발암물질 에틸렌옥사이드를 포함한 각종 발암물질이 부가된 계면활성제도 관찰할 수 있었다.

1. 국내 H회사 제품 – 1개

  정제수, 디소듐라우레스설포석시네이트, 코카마이드디이에이, 디소듐코코-글루코사이드시트레이트, 부틸렌글라이콜, 티이에이-코코일글루타메이트, 코카미도프로필베타인, 향료, 폴리쿼터늄-10, 피이지-120메칠글루코오스디올리에이트, 글리세릴카프릴레이트, 판테놀, 프로필렌글라이콜, 들깻잎추출물, 서양유채싹추출물, 브로콜리싹추출물, 양배추싹추출물, 해바라기싹추출물, 콩싹추출물, 밀싹추출물, 디포타슘글리시리제이트, 에탄올, 하이드록시프로필키토산, 알란토인, 디소듐이디티에이, 페녹시에탄올

① 디소듐라우레스설포석시네이트(Disodium Laureth Sulfosuccinate): 1급 발암물질 에틸렌옥사이드가 부가된 계면활성제.

② 코카마이드디이에이[cocamide DEA(diethanolamine)]: 코코넛 오일의 지방산과 1급 발암물질 에틸렌옥사이드가 부가된 디이에이(디에탄올아민)가 결합된 계면활성제로서 거품형성 촉진 등에 사용됨. 여기서 디이에이는 제9장에서 언급한 바와 같이 2B급 발암물질로 규정된 물질임. 이뿐만 아니라 계면활성제인 코카마이드디이에이 그 자체도 제9장에서 언급한 바와 같이 2B급 발암물질로 규정된 물질임. 따라서 이 제품은 공개적으로 발암물질을 세정제 원료로 사용하고 있다는 의미임.

③ 티이에이-코코일글루타메이트[TEA(triethanolamine)-cocoyl glutamate]: 1급 발암물질 에틸렌옥사이드가 부가된 티이에이가 코코일글루타메이트에 결합된 계면활성제.

④ 코카미도프로필베타인(cocamidopropyl betaine): 2B급 발암물질 아크릴로니트릴이 부가된 계면활성제로 거품형성 촉진 등에 사용됨.

⑤ 피이지-120메칠글루코오스디올리에이트[PEG(polyethylene glycol)-120 methyl glucose dioleate]: 1급 발암물질 에틸렌옥사이드가 부가된 화합물로 세정제 등으로 사용됨.

⑥ 프로필렌글라이콜(propylene glycol): 2B급 발암물질 프로필렌옥사이드가 부가된 화합물로 보습제 등으로 사용됨.

2. 국내 C회사 제품 - 1개

정제수, 디소듐코코암포디아세테이트, 코카미도프로필베타인, 소듐라우로일메칠이소치오네이트, 소듐라우로일글루타메이트, 코카마이드디이에이, 부틸렌글라이콜, 폴리소르베이트, 시트릭애씨드, 라벤더오일, 편백수, 고삼추출물, 창이자추출물, 백선피추출물, 사상자추출물, 어성초추출물, 당귀추출물, 자근추출물, 참깨추출물, 백지추출물, 귤껍질추출물, 행인추출물, 세라마이드3$^{(0.875mg)}$, C8-12애씨드트리글리세라이드, 콜레스테롤, 하이드로제네이티드레시틴, 피토스핑고신, 스테아릭애씨드, 올레익애씨드, 아우릭애씨드, 락틱애씨드, 뽕나무뿌리추출물, 녹차추출물, 감나무잎추출물, 알로에베라잎추출물, 가시대나무추출물, 황금추출물, 모란뿌리추출물, 감초추출물

① 코카미도프로필베타인(cocamidopropyl betaine): 2B급 발암물질 아크릴로니트릴이 부가된 계면활성제로 거품형성 촉진 등에 사용됨.

② 코카마이드디이에이(cocamide DEA(diethanolamine)): 코코넛 오일의 지방산과 1급 발암물질 에틸렌옥사이드가 부가된 디이에이(디에탄올아민)가 결합된 계면활성제로서 거품형성 촉진 등에 사용됨. 여기서 디이에이는 제9장에서 언급한 바와 같이 2B급 발암물질로 규정된 물질임. 이뿐만 아니라 계면활성제인 코카마이드디이에이 그 자체도 제9장에서 언급한 바와 같이 2B급 발암물질로 규정된 물질임. 따라서 이 제품은 공개적으로 발암물질을 세정제 원료로 사용하고 있다는 의미임.

③ 폴리소르베이트(polysorbate): 1급 발암물질 에틸렌옥사이드가 부가된

화합물로 유화제 등으로 사용됨.

3. 국내 A회사 제품 - 1개

제품 전성분: 정제수, 소듐라우레스설페이트, 암모늄라우릴설페이트, 코카미도프로필베타인, 티이에이라우릴설페이트, 라우라마이드디이에이, 폴리쿼터늄-7, 피이지-400, 소듐클로라이드, 폴리쿼터늄-10, 폴리소르베이트, 병풀추출물, 위치하젤추출물, 변성알콜39-C, 부틸글라이콜, 알로에베라잎즙, 베타글루칸, 베타인, 휴먼올리고펩타이드-1, 디소듐이디티에이, 알란토인, 메칠클로로이소치아졸리논, 메칠이소치아졸리논, 아이오도프로피닐부틸카바메이트, 시트릭애씨드, 향료

① 소듐라우레스설페이트(sodium laureth sulfate): 라우릴설페이트에 1급 발암물질 에틸렌옥사이드가 부가되고 소듐 이온이 결합된 계면활성제.
② 암모늄라우릴설페이트(ammonium lauryl sulfate): 라우릴설페이트에 암모늄 이온이 결합된 계면활성제.
③ 코카미도프로필베타인(cocamidopropyl betaine): 2B급 발암물질 아크릴로니트릴이 부가된 계면활성제로 거품형성 촉진 등에 사용됨.
④ 티이에이라우릴설페이트[TEA(triethanolamine) lauryl sulfate]: 1급 발암물질 에틸렌옥사이드가 부가된 티이에이가 라우릴설페이트에 결합된

계면활성제.

⑤ 라우라마이드디이에이[lauramide DEA(diethanolamine)]: 라우릴 지방산과 1급 발암물질 에틸렌옥사이드가 부가된 디이에이가 결합되어 생성된 계면활성제로서 거품형성 촉진 등에 사용됨. 여기서 디이에이는 제9장에서 언급한 바와 같이 2B급 발암물질로 규정된 물질임.

⑥ 피이지-400[PEG(polyethylene glycol)-400]: 1급 발암물질 에틸렌옥사이드가 부가된 화합물로 유화제 등으로 사용됨.

⑦ 폴리소르베이트(polysorbate): 1급 발암물질 에틸렌옥사이드가 부가된 화합물로 유화제 등으로 사용됨.

4. 국내 B회사 제품 – 1개

제품 전성분: 정제수, 디소듐코코암포디아세테이트, 코카미도프로필베타인, 소듐라우릴설페이트, 폴리소르베이트20, 소듐라우레스설페이트, 헥실렌글라이콜, 흰동백나무잎추출물, 락틱애씨드, 글리세린, 페녹시에탄올, 판테닐에칠에텔, 피이지-120메칠글루코오스디올리에이트, 메칠파라벤, 폴리쿼터늄-7, 폴리쿼터늄-87, 소듐벤조에이트, 프로필파라벤, 테트라소듐이디티에이, 향료

① 코카미도프로필베타인(cocamidopropyl betaine): 2B급 발암물질 아크릴로니트릴이 부가된 계면활성제로 거품형성 촉진 등에 사용됨.

② 소듐라우릴설페이트(sodium lauryl sulfate): 라우릴설페이트에 소듐 이온이 결합된 계면활성제.

③ 폴리소르베이트20(polysorbate 20): 1급 발암물질 에틸렌옥사이드가 평균 20개 부가된 화합물로 유화제 등으로 사용됨.

④ 소듐라우레스설페이트(sodium laureth sulfate): 라우릴설페이트에 1급 발암물질 에틸렌옥사이드가 부가되고 소듐 이온이 결합된 계면활성제.

⑤ 피이지-120메칠글루코오스디올리에이트[PEG(polyethylene glycol)-120 methyl glucose dioleate]: 1급 발암물질 에틸렌옥사이드가 부가된 화합물로 세정제 등으로 사용됨.

5. 국내 D회사 제품 - 1개

제품 전성분: 정제수, 디소듐코코암포디아세테이트, 코카마이드디아에이, 코카미도프로필베타인, 포타슘코코일글리시네이트, 디소듐라우레스설포석시네이트, 라우릴글루코사이드, 티이에이-코코일글루타메이트, 복숭아나무잎추출물, 대나무잎/줄기추출물, 매화추출물, 애엽추출물, 일당귀추출물, 작약추출물, 천궁추출물, 치자추출물, 형개추출물, 화이트윌로우껍질추출물, 황금추출물, 회화나무뿌리추출물, 뽕나무줄기추출물, 구주물푸레껍질추출물, 마치현추출물, 카프릴릴글라이콜, 헥실렌글라이콜, 시트릭애씨드, 부틸렌글라이콜, 폴리쿼터늄-10, 소듐하이알루로

네이트, 콜로스트럼, 글리세릴카프릴레이트, 디소듐이디티에이, 향료

① 코카마이드디이에이(cocamide DEA(diethanolamine)): 코코넛 오일의 지방산과 1급 발암물질 에틸렌옥사이드가 부가된 디이에이(디에탄올아민)가 결합된 계면활성제로서 거품형성 촉진 등에 사용됨. 여기서 디이에이는 제9장에서 언급한 바와 같이 2B급 발암물질로 규정된 물질임. 이뿐만 아니라 계면활성제인 코카마이드디이에이 그 자체도 제9장에서 언급한 바와 같이 2B급 발암물질로 규정된 물질임. 따라서 이 제품은 공개적으로 발암물질을 세정제 원료로 사용하고 있다는 의미임.
② 코카미도프로필베타인(cocamidopropyl betaine): 2B급 발암물질 아크릴로니트릴이 부가된 계면활성제로 거품형성 촉진 등에 사용됨.
③ 디소듐라우레스설포석시네이트(disodium laureth sulfosuccinate): 1급 발암물질 에틸렌옥사이드가 부가된 계면활성제.
④ 티이에이-코코일글루타메이트(TEA-cocoyl glutamate): 1급 발암물질 에틸렌옥사이드가 부가된 티이에이가 코코일글루타메이트에 결합된 계면활성제.

제15장

주방세제 전성분과 우려되는 계면활성제 성분

 ## 제15장 주방세제 전성분과 우려되는 계면활성제 성분

세정제 중에 우리 가족이 섭취할 가능성이 제일 큰 세제는 주방세제일 수 있기 때문에 성분을 꼼꼼히 따져 보아야 한다. 하지만 불행하게도 주방세제는 화장품이 아니라 전성분이 표기되어 있지 않고 사용된 계면활성제의 경우 간단하게 고급알콜계(음이온), 알파올레핀계 음이온, 아민옥사이드 또는 고급아민계(비이온계) 혼합물 등으로 표기되어 있다. 이런 이유 때문에 전문가조차도 정확하게 어느 계면활성제가 원료로 사용되었는지 알 수 없다.

하지만 다행스럽게도 우리나라 주방세제의 계면활성제 성분을 엿볼 수 있는 곳이 특허청이다. 주방세제 제조 회사가 자신의 주방세제 제품에 대해 특허를 신청할 경우 세정제 원료로 사용한 계면활성제 성분을 특허출원 명세서에 표기한다. 이런 이유로 필자는 우리나라의 최대 주방세제 제조회사 중 한 곳인 L회사가 2005년 특허청에 제출한 특허출원 명세서에 기재된 주방세제의 계면활성제 성분을 엿보았다.[1] 또 국내 제품 중 공개된 전성분 1개에 대해서도 알아보았다.

우리나라 주방세제 계면활성제의 교과서 역할을 해 온 미국의 경우 주방세제의 계면활성제 성분을 대부분 공개하기 때문에 필자는 미국의 주방세제 대부분에서 각종 발암물질이 부가된 계면활성제 그리고 발암물질 계면활성제를 쉽게 관찰할 수 있었다. 이 중에서 현재 우리나라에서도 미국계 다단계 A회사를 통해 시판 중인 미국 주방세제의 전성분도 쉽게 관찰할 수 있었으며 우리나라에서 유통되는 벨기에 E회사와 미국 M회사 친환경 주방세제의 전성분도 함께 알아보았다.

이 장 마지막 부분에서 "발암물질이 제일 많이 포함될 수 있는 세정제는 다름 아닌 주방세제일 가능성"이라는 제목으로 우리나라 주방세제에 대해 필자의 깊은 우려를 표명하였다.

1. 국내 L회사에서 2005년 특허출원한 주방세제[1] – 1개

사용된 계면활성제: 지방알콜 에톡시황산염, 알킬아민옥사이드, 지방산 디에탄올아미드

① 지방알콜 에톡시황산염(fatty alcohol ethoxylate sulfate): 소수성 부위에 지방산을 그리고 친수성 부위에 황산을 사용하였으며 여기에 1급 발암물질 에틸렌옥사이드가 부가된 계면활성제의 총칭. 예로 라우레스설페이트가 이 계면활성제 부류에 속함.

② 지방산 디에탄올아미드(fatty acid diethanolamide): 지방산 디에탄올아미드는 지방산 디에탄올아민과 같은 말이며 이는 지방산과 1급 발암

물질 에틸렌옥사이드가 부가된 디에탄올아민이 결합된 계면활성제임. 디에탄올아민은 제9장에서 언급한 바와 같이 2B급 발암물질로 규정된 물질임. 여기서 만약 지방산이 코코넛 오일의 지방산이라면 코카마이드 디에탄올아미드(코카마이드디이에이)란 지방산 디에탄올아미드가 형성됨. 코카마이드디이에이는 제9장에서 언급한 바와 같이 2B급 발암물질로 규정된 물질임.

2. 국내 P회사 제품 – 1개

제품 전성분: 증류수, 소듐코코일글루타메이트, 편백수, 코카마이드디이에이, 글리세린, 편백오일, 알로에베라잎추출물, 구연산, 살리신산, 신선초(명이엽), 클로로섹시딘

① 코카마이드디이에이[cocamide DEA(diethanolamine)]: 코코넛 오일의 지방산과 1급 발암물질 에틸렌옥사이드가 부가된 디이에이(디에탄올아민)가 결합된 계면활성제로서 거품형성 촉진 등에 사용됨. 여기서 디이에이는 제9장에서 언급한 바와 같이 2B급 발암물질로 규정된 물질임. 이뿐만 아니라 계면활성제인 코카마이드디이에이 그 자체도 제9장에서 언급한 바와 같이 2B급 발암물질로 규정된 물질임. 따라서 이 제품은 공개적으로 발암물질을 주방세제의 원료로 사용하고 있다는 의미임.

3. 미국계 다단계 A회사 제품 – 1개

제품 전성분: 계면활성제 30%(라우릴에테르황산나트륨, 코카미도프로필베타인, 알콜에톡시레이트), 70%(물, 프로필렌글리콜, 에탄올, 에톡시레이티드글리콜, 구연산, 구연산 향료, 수산화마그네슘, 메틸클로로이소치아졸리논, 메틸이소치아졸리논, 들깨잎 추출물, 알로에베라젤)

① 라우릴에테르황산나트륨(sodium lauryl ether sulfate): 소듐라우레스설페이트의 또 다른 이름. 즉, 라우릴설페이트에 1급 발암물질 에틸렌옥사이드가 부가되고 소듐 이온이 결합된 계면활성제.
② 코카미도프로필베타인(cocamidopropyl betaine): 2B급 발암물질 아크릴로니트릴이 부가된 계면활성제로 거품형성 촉진 등에 사용됨.
③ 알콜에톡시레이트(alcohol ethoxylate): 알콜, 대표적인 예로 지방알콜 등에 1급 발암물질 에틸렌옥사이드가 부가된 계면활성제로 라우레스(에틸렌옥사이드가 부가된 라우릴 지방알콜)가 있음.
④ 프로필렌글리콜(propylene glycol): 2B급 발암물질 프로필렌옥사이드가 부가된 화합물로 보습제 등으로 사용됨.
⑤ 에톡시레이티드글리콜(ethoxylated glycol): 피이지[PEG(polyethylene glycol)]의 또 다른 이름. 1급 발암물질 에틸렌옥사이드가 부가된 화합물로 유화제 등으로 사용됨.

4. 우리나라에서 유통되는 벨기에 E회사 친환경 제품 – 1개

제품 전성분: 물, 알킬폴리글리코시드, 라우릴에테르황산나트륨, 녹차추출물, 구연산나트륨, 염화나트륨, 자몽향, 젖산

① 라우릴에테르황산나트륨(sodium lauryl ether sulfate): 소듐라우레스설페이트의 또 다른 이름. 즉, 라우릴설페이트에 1급 발암물질 에틸렌옥사이드가 부가되고 소듐 이온이 결합된 계면활성제.

5. 우리나라에서 유통되는 미국 M회사 친환경 제품 – 1개

제품 전성분: 정제수 66%, 식물성세척작용제(코코넛 팜오일 17.5%), 계면활성제(코코넛씨액오일/코코넛디에탄올아미드) 16%, 오렌지 껍질에서 추출한 향 0.5%, 포도씨액추출물 1%

① 코코넛디에탄올아미드(coconut diethanolamide): 코카마이드디이에이의 또 다른 이름. 코코넛 오일의 지방산과 1급 발암물질 에틸렌옥사이드가 부가된 디에탄올아민이 결합된 계면활성제로서 거품형성 촉진 등에 사용됨. 여기서 디에탄올아민은 제9장에서 언급한 바와 같이 2B급 발암물질로 규정된 물질임. 이뿐만 아니라 계면활성제인 코코넛디에탄올아미드 그 자체도 제9장에서 언급한 바와 같이 2B급 발

암물질로 규정된 물질임. 따라서 이 제품은 공개적으로 발암물질을 주방세제의 원료로 사용하고 있다는 의미임. 이 제품은 신생아 젖병 세정제로도 사용됨.

6. 발암물질이 제일 많이 포함될 수 있는 세정제는 다름 아닌 주방세제일 가능성

주방세제는 우리나라 전 국민 모두가 섭취할 가능성이 크기 때문에 우리가 사용하는 주방세제의 성분이 무엇인지를 정확하게 파악하는 것이 매우 절실하다. 특히 우리나라에서 전성분이 공개된 주방세제(이 장에서 소개한 국내 P회사, 미국 다단계 A회사 또는 미국 M회사 친환경 제품) 속에서 발암물질이 부가된 계면활성제는 물론 계면활성제 자체가 발암물질인 코카마이드 디이에이가 포함되어 있다는 사실을 접하였기 때문에 전성분이 아직 공개되지 않은 대부분의 우리나라 주방세제에 대해 더욱 의구심이 증폭되지 않을 수 없다.

주방세제는 강력한 세척력과 풍부한 거품력이 요구된다. 특히 풍부한 거품력은 소비자가 주방세제를 선택하는 첫 번째 기준으로 삼고 있기 때문에 아무리 좋은 세척력을 가진 주방세제라 하더라도 풍부한 거품력이 뒷받침해 주지 못한다면 소비자에게 쉽게 외면당할 수 있다. 일반적으로 주방세제의 강력한 세척력을 확보하기 위해 라우릴설페이트, 라우레스설페이트 또는 알파 올레핀 설포네이트 등과 같은 음이온 계면활성제가 사용되고, 이들의 세척력을 증강시키고 풍부한 거품을 생성하는 아민옥사이드, 코카마이드디이에이와 같은 지방산 디에탄올아미드, 또는 코카미도프로필베인과 같은 베타인계 계면활성제가 사용된다. 즉, 소비자가 선호하는 주방세제를 만들기 위해서는 후자, 다시 말해 풍부한 거품을 생성하는 계면활성제를 반드시 주방세제에 포함시킨다는 의미이다.

주요 주방세제 제조 회사인 L사와 A사가 자사 주방세제에 대한 특허 등록을 위해 특허청에 제출한 특허 명세서 자료를 토대로 볼 때 이 회사들은 주방세제의 강력한 세척력을 확보하기 위해 라우레스설페이트와 같은 에틸렌옥사이드가 부가된 계면활성제를 사용하였으며 풍부한 거품력을 확보하기 위해 아민옥사이드와 지방산 디에탄올아미드(예: 코카마이드디이에이)를 다량 사용하였음이 확인되었다.[2, 3] 여기서 잠시 시간을 내어 곰곰이 생각해 보자. 만약 이들이 자신들의 특허 명세서에 기재된 주방세제의 계면활성제 원료를 시중에 판매하는 주방세제에도 똑같이 적용하였다면 말 그대로 "발암물질이 제일 많이 포함될 수 있는 세정제는 다름 아닌 시중에서 쉽게 구매할 수 있는 주방세제일 수 있다"라는 어처구니없는 결론에 쉽게 도달할 수 있다.

따라서 이러한 추론(推論)으로 도출된 어처구니없는 결론으로 파생되는 의구심을 해소하기 위해, 더 나아가 우리나라 미래를 책임지는 어린아이와 청소년을 포함한 국민 대다수의 건강을 위해 주방세제 회사들은 자사들이 생산하고 시중에 판매하는 주방세제의 전성분을 반드시 공개해야 할 것으로 판단된다.

만약 지금까지처럼 앞으로도 공개하지 않는다면 매일 매일 노출될 수도 있는 발암물질로부터 전 국민의 건강을 지키기 위해, 첫째, 우리가 사용하는 주방세제에서 아래에 언급되는 발암물질의 존재 여부와 그 함량을 반드시 조사해야함은 물론, 둘째, 대한민국 국회에서 조속하게 입법이 이루어져 주방세제의 전성분 공개가 가능한 빨리 법적으로 의무화되어야 할 것이다.

① 인간에게 백혈병과 유방암 발병을 야기하는 에틸렌옥사이드(에틸렌옥사이드가 부가된 계면활성제가 원료로 사용될 경우),
② 최소한 실험동물에서 간암 등의 암 발병을 야기하는 1,4-다이옥산(에틸렌옥사이드가 부가된 계면활성제가 원료로 사용될 경우 오염 물질),
③ 최소한 실험동물에서 위암 등의 암 발병을 야기하는 프로필렌옥사이드(프로필렌옥사이드가 부가된 계면활성제가 원료로 사용될 경우),
④ 최소한 실험동물에서 뇌암과 유방암 등의 암 발병을 야기하는 아크릴로니트릴(코카미도프로필베타인과 같은 베타인계 계면활성제가 원료로 사용될 경우),
⑤ 최소한 실험동물에서 간암과 신장암 발병을 야기하는 디에탄올아민(디이에디)(디에탄올아민이 부가된 계면활성제가 원료로 사용될 경우) 또는 발암물질 계면활성제 코카마이드디이에이.

7. 뜻하지 않게 우연히 발견한 L사 항균주방세제 전성분과 함량

L사가 특허청에 제출한 또 하나의 특허명세서에서 자신들의 특허 성분과 비교하기 위해 시중에서 판매되는 자사의 항균주방세제 한 개의 전성

분과 함량이 공개되었다(아래 참조).[2] 특허명세서를 읽는 도중 이 정보를 우연히 발견하였다. 회사 측에서 절대 공개해서는 안 될 정보가 아닌가 생각된다. 전성분은 물론 함량까지 공개하다니 어쨌든 우리 소비자들로서는 매우 귀중한 보물을 얻은 듯하다. 아래에서 보는 바와 같이, 발암물질 계면활성제 코카마이드디이에이와 같은 지방산 디에탄올 아미드를 전체의 3%, 발암물질이 부가된 계면활성제 라우레스설페이트와 같은 지방 알콜 에톡시 황산염을 전체의 12% 사용하였다. 엄청난 양이 사용되었다고 판단된다. 따라서 이 주방세제의 경우, 발암물질 디에탄올아민(디이에이), 코카마이드디이에이, 에틸렌옥사이드 그리고 1,4-다이옥산 함량을 반드시 측정해야 할 것으로 판단된다.

L사 항균주방세제 전성분과 함량

* 알파 올레핀 술폰산염 (3%)
* 지방산 디에탄올 아미드 (3%, 예: 코카마이드디이에이)
* 지방 알코올 에톡시 황산염 (12%, 예: 라우레스설페이트)
* 알킬아민 옥시드 (2%)
* 구연산 (0.4%)
* 색소 (적당량)
* 향 (0.1%)
* 에탄올 (1%)
* 트리클로산 (0.1%)
* 증류수 (나머지)

참고 자료

1. 대한민국 특허(출원번호: 1020050060224)
2. 대한민국 특허(등록번호: 1005550390000)
3. 대한민국 특허(등록번호: 1009526420000)

부록

주요단어 정리

주요단어 정리

제1장

전성분표(全成分表): 화장품 제조에 사용된 모든 원료 성분을 제품 용기 겉면에 제시한 표(제1장 그림1 참조).

제2장

극성(polarity): 분자는 원자로 구성되어 있고 원자는 핵과 전자로 이루어져 있다. 원자가 서로 결합하여 분자를 이룰 때 각각의 원자가 가지고 있는 전자를 공유하며 결합을 이룬다. 공유결합이다. 예로 물 분자는 산소원자 한 개와 수소원자 두 개로 형성되며 그들이 가지고 있는 각각의 전자를 서로 공유하며 결합이 이루어진다. 이때 서로 공유한 전자가 산소 쪽으로 조금 치우쳐 결합하게 되는데 이로 인해 산소는 약하디 약한 음전하를 띠게 되고 그 반대로 수소는 매우 약한 양전하를 띠게 된다. 이렇게 형성된 전하를 극성이라 한다(제2장 그림1 참조).

수소결합(hydrogen bond): 물 분자의 경우 산소는 약한 음전하, 수소는 양전하를 띠게 되는데 이로 인해 수소는 인근에 존재하는 물 분자의 산소와 매우 약한 전기적 결합을 하는데 이를 수소결합이라 한다. 물의 성질을 결정하는 데 가장 중요한 역할을 한다(제2장 그림2 참조).

표면장력(surface tension): 물 표면에 존재하는 물 분자는 수소결합으로 인해 양쪽 그리고 아래쪽의 물 분자와 서로 끌어당기지만 위쪽에는 물 분자가 없어 물 안쪽으로 더 끌리게 된다. 이런 이유로 물 표면의 물 분자는 힘의 균형이 이루어질 때까지 물귀신처럼 아래로 끌어 당겨져 곡면이 형성되며 이때 표면에 작용되는 힘을 표면장력이라 한다(제2장 그림3 참조).

계면활성제(surfactants): 물의 표면장력을 파괴하는 물질이며 비누가 대표적 예이다. 계면활성제는 반드시 두 가지 특성을 가진 부위로 이루어져 있다. 물을 좋아하는 친수성 부위와 물을 싫어하는 그래서 기름을 좋아하는 소수성 또는 친유성 부위이다. 친수성 부위는 물과 결합하여 물 표면에 형성되는 표면장력을 파괴하며 소수성 부위의 작용과 더불어 세정작용, 분산작용 또는 유화작용 등을 형성하여 가정용 세제는 물론 산업 전 분야에 널리 사용되고 있다(제3장 그림1 참조).

코코넛 오일(coconut oil): 코코넛 열매의 말린 속살에서 추출한 중성 지방이며 1개의 글리세롤에 3개의 지방산이 연결되어 이루어져 있다. 글리세롤의 알콜기(-OH)와 지방산의 카르복실기(-COOH)가 에스테르화를 통해 결합되어 있다. 여기서 글리세롤은 화약이나 보습제 등의 원료로 사용되며 지방산은 계면활성제의 소수성 부위 등의 원료로 사용된다. 주요 지방산은 라우릴 지방산이다.

지방산(fatty acid): 탄소원자가 사슬 모양으로 연결되어 있고 그 주위에 수소가 결합되어 있는 일종의 탄화수소물이며 카르복실기(-COOH)를 가지고 있는 산이다. 대표적 예가 코코넛 오일이 함유한 라우릴 지방산이다.

부가(addition): 일반적으로 주된 것에 부수적으로 첨가하는 의미로 사용되지만 화학적 의미는 어느 한 분자가 다른 종류의 분자에 공유결합, 즉 결합하여 또 다른 종류의 분자가 만들어지는 화학반응을 의미한다. 예로 A 분자가 B 분자에 부가되어 C 분자로 된다.

에틸렌(ethylene): 일종의 석유 추출물이다. 탄소를 2개 가진 매우 간단한 탄화수소물이며 반응력이 강하다. 석유화학공업에서 가장 중요한 물질 중 하나로서 합성 계면활성제, 합성섬유, 합성수지 또는 합성도료 등의 원료로 사용된다.

크래킹(cracking): 석유에서 추출한 탄소 수가 많은 나프타Naphtha 또는 LPG 가스 등을 석유화학 공정을 통해 탄소 수가 적은 것으로 분해(절단)하는 과정. 예로 나프타나 LPG 가스를 분해, 즉 크래킹하여 탄소 수가 2개인 에틸렌을 생산할 수 있다.

중합(polymerization): 에틸렌과 같은 석유 추출물을 석유화학 공정을 통해 2개 이상 결합하여 분자량이 큰 화합물을 생성하는 반응. 예로 탄소 수가 2개인 에틸렌 6개를 중합하면 탄소 수가 12개인 탄화수소물이 생성된다.

제3장

소수성 부위(hydrophobic part): 계면활성제에서 물을 싫어하는 부위. 기름을 좋아하며 친유성 부위라고도 한다(제3장 그림1 참조).

친수성 부위(hydrophilic part): 계면활성제에서 물을 좋아하는 부위(제3장 그림1 참조).

음이온성 계면활성제(anionic surfactants): 친수성 부위에 음이온을 가진 계면활성제(제3장 그림1 참조). 비누가 대표적인 예이다.

양이온성 계면활성제(cationic surfactants): 친수성 부위에 양이온을 가진 계면활성제(제3장 그림1 참조).

양쪽성 계면활성제(zwitterionic surfactants): 친수성 부위에 음/양이온 모두 가진 계면활성제(제3장 그림1 참조).

비이온성 계면활성제(nonionic surfactants): 친수성 부위에 이온이 전혀 없는 계면활성제. 이온 대신 극성을 띠는 물질을 친수성 부위로 사용한다. 예로 에틸렌옥사이드가 부가된 계면활성제이다(제3장 그림1 및 제8장 그림2 참조).

에틸렌옥사이드(ethylene oxide): 물과 기름에도 잘 녹으며 공기보다 약간 무거운 가스이다. 에틸렌과 산소를 결합하여 대량 생산된다. 반응력이 매우 강하여 유전자를 파괴하며 이로 인해 백혈병과 유방암 등을 야기하는 1급 발암물질이다. 에틸렌옥사이드는 비이온성 계면활성제 친수성 부위의 주원료이다(제8장 그림1 및 2 참조).

지방알콜(fatty alcohol): 지방산은 탄소와 수소로 이루어진 탄화수소물에 카르복실기(-COOH)를 가지고 있는 물질이며 지방알콜은 탄소와 수소로 이루어진 탄화수소물에 알콜기(-OH)를 가지고 있는 물질이다. 지방산이나 지방알콜은 계면활성제 소수성 부위의 원료로 사용된다(제8장 그림3 참조).

유화(emulsification): 두 개의 섞이지 않는 액체를 강력히 섞거나 또는 계면활성제를 이용하여 한 개의 액체가 아주 작은 방울 상태로 안정하게 다른 액체에 분산되는 과정을 유화라 한다. 예로 세탁 과정 중 옷에 묻어 있는 기름때 등은 계면활성제의 유화 과정을 통해 옷으로부터 분리되어 세정될 수 있다(제3장 그림2 참조).

라우릴설페이트(lauryl sulfate): 소수성 부위로 라우릴 지방산(지방알콜) 그리고 친수성 부위로 황산이 사용되어 합성된 계면활성제이다. 치약이나 샴푸 등에 사용되는 주요 계면활성제이며 자동차 엔진의 그리스 제거제, 바닥 청소 세정제, 차량 청소용 세정제 등으로도 사용된다. 인체에 독성이 매우 강하다(제3장 그림3 및 제8장 그림3 참조).

코코설페이트(coco sulfate): 소수성 부위로 코코넛 오일의 지방산(지방알콜) 그리고 친수성 부위로 황산이 사용되어 합성된 계면활성제이다. 코코넛 오일의 지방산의 약 반은 라우릴 지방산이므로 코코설페이트를 실제로 라우릴설페이트라고도 부른다.

라우레스설페이트(laureth sulfate): 라우릴설페이트의 구조와 동일하나 소수성과 친수성 부위 사이에 친수성인 에틸렌옥사이드가 중합되어 삽입된 계면활성제이다. 라우릴설페이트와 함께 제일 많이 피부에 직접 접촉되어 사용되는 계면활성제이다(제3장 그림3 및 제8장 그림3 참조).

제4장

부틸나프탈렌설포네이트(butyl naphthalene sulfonate): 1916년 독일에서 석탄을 이용하여 합성한 최초의 합성 계면활성제. 탄소 수가 비교적 적은 지방산인 부틸산과 친수성 부위인 설폰산을 연결하는 나프탈렌을 석탄으로부터 추출하여 합성. 부틸나프탈렌설포네이트의 합성 이후 라우릴설페이트를 포함한 다양한 합성 계면활성제가 개발되기 시작하였다(제4장 그림1 참조).

알킬벤젠설포네이트(alkyl benzene sulfonate): 현재 우리가 사용하는 세탁용 세정제의 주요 계면활성제. 이 계면활성제는 최초의 합성계면활성제인 부틸나프탈렌설포네이트를 토대로 개발 되었다. 부틸산 대신 탄소 수가 더 많은 알킬 지방산을 이용하였고 나프탈렌 대신 벤젠을 이용하여 친수성 부위인 설폰산을 연결시켰기 때문이다.

드레프트(Dreft): 미국 피엔지 회사에서 1933년 처음으로 라우릴설페이트를 이용하여 개발한 세탁용 합성세제(제4장 그림2 참조).

드렌(Drene): 미국 피엔지 회사에서 1934년 처음으로 라우릴설페이트를 이용하여 개발한 샴푸. 현재 사용 중인 라우릴설페이트계 샴푸의 시조이다(제4장 그림2 참조).

틸(Teel): 미국 피엔지 회사에서 1938년 처음으로 라우릴설페이트를 이용하여 개발한 치약. 현재 사용 중인 라우릴설페이트계 치약의 시조(제4장 그림2 참조).

황산화(sulfation): 어느 한 물질에 황산을 부가하는 것. 예로 라우릴 지방알콜을 황산화하면 라우릴설페이트가 생성된다(제8장 그림3 참조).

제5장

변성(denaturation): 일반적으로 어느 특정 물질의 모양과 성질이 물리적 또는 화학적 영향으로 변하는 현상을 의미한다. 예로 단백질 등이 온도 변화나 화학물질에 의해 고유한 3차 구조를 잃는 것 등이다(제5장 그림1 참조). 단백질이 변성되면 단백질의 기능을 잃게 된다.

아미노산(amino acids): 단백질의 구성 물질. 중성지방은 글리세롤과 지방산으로 이루어지지만 단백질은 일반적으로 20개의 서로 다른 아미노산이 연결되어 이루어진다.

헤모글로빈(hemoglobin): 적혈구 속에 포함되어 있는 색소단백질이며 산소와 이산화탄소를 운반하는 헴과 그것을 지지해 주는 글로빈 단백질로 이루어져 있다. 헤모글로빈 4개가 한 조를 이루어 임무를 수행한다. 만약 글로빈 단백질이 변성되면 헴을 올바르게 지지해 주지 못해 헴은 산소와 이산화탄소를 운반할 수 없어 생명의 위협을 초래할 수 있다(제5장 그림2 참조).

호흡상피세포(type I pneumocyte): 호흡을 담당하는 조직은 허파이며 허파는 다시 폐포로 이루어져 있다. 폐포는 공기 중에 녹아 있는 산소를 포집하는 곳이며 호흡상피세포로 이루어져 있다. 산소를 쉽게 흡수할 수 있는 구조를 가지고 있다(제6장 그림4에 제시된 아가미 상피세포와 상응하는 세포).

세포막(cell membrane): 세포의 표면을 덮는 얇은 막으로 세포의 울타리 역할을 한다. 세포의 안과 밖의 경계를 이루는 물리적인 막인 동시에 세포 안과 밖의 선택적 물질교환, 생리 신호 전달 그리고 막전위의 발생 등에도 중요한 역할을 한다(제5장 그림4 참조).

인지질(phospholipid): 인지질은 콜레스테롤 그리고 단백질 등과 함께 생체막의 주요 성분으로 인을 포함하는 일종의 지방이다. 인지질은 계면활성제처럼 친수성 부위와 소수성 부위를 가지고 있고 소수성 부위가 서로 맞닿아 이중막을 형성하여 견고한 세포막 역할을 한다(제5장 그림4 참조).

PHMG(polyhexamethylene guanidine): 산모와 영유아의 목숨을 앗아간 가습기 살균제이다. 살균제 등으로 흔히 사용되는 구아디닌 계열의 화학물질이며 박테리아 세포막의 인지질에 결합하여 세포막을 파괴함으로서 박테리아를 살상하는 것으로 알려져 있다.

제6장

아가미(gill): 수중생활을 하는 척추동물이나 무척추동물에서 볼 수 있으며 산소와 이산화탄소를 교환하는 호흡기관이다. 아가미는 필라멘트와 라멜라와 같이 수많은 가닥으로 갈라져서 물과의 접촉면을 넓히고 있으며 그 속에는 모세혈관이 발달해 있다(제6장 그림1 및 2 참조).

아가미 아크(gill arch): 아가미의 골격 역할을 한다. 뼈와 연골로 이루어져 있다(제6장 그림2 참조).

아가미 갈퀴(gill raker): 아가미 아크에 부착되어 있으며 먹이가 빠져 나가는 것을 방지한다(제6장 그림2 참조).

아가미 필라멘트(gill filament): 아가미 아크에 부착되어 있으며 수중의 산소를 포집한다(제6장 그림2 참조).

아가미 라멜라(gill lamella): 아가미 필라멘트에 부착되어 있으며 필라멘트와 함께 수중의 산소를 포집한다(제6장 그림2 및 3 참조).

라멜라 상피세포(lamellar epithelial cell): 우리 허파 폐포에 존재하며 공기에 노출되어 있는 호흡상피세포와 동일한 역할을 한다. 라멜라 표면에 위치하고 있어 수중에서 물과 직접 접촉하는 세포이다(제6장 그림3 및 4 참조).

혈관내피세포(endothelial cell): 모세혈관을 형성하는 세포이다(제6장 그림3 및 4 참조).

기둥세포(pillar cell): 아가미 필라멘트와 라멜라 안쪽에는 모세혈관이 풍부하며 이 혈관 안쪽의 공간을 확보하는 세포이다(제6장 그림3 참조).

기저막(basement membrane): 생체 내 각 기관에 존재하는 상피세포 아래에 존재하는 막이며 주로 콜라겐 단백질 등으로 이루어져 있다. 상피세포를 지지해 준다(제6장 그림3 및 4 참조).

제7장

상피(epidermis): 피부의 제일 바깥쪽에 존재하는 세포조직이며 위나 장과 같은 내장기관의 겉면을 싸고 있는 세포조직을 의미한다(제7장 그림1 및 2 참조).

기저층(stratum basale): 상피는 간단히 말해 다양한 종류의 세포로 구성된 조직이며 이들 세포의 줄기세포가 존재하는 층이다. 상피 제일 아래에 존재한다(제7장 그림2 참조).

가시층(stratum spinosum): 기저층 바로 위에 존재하는 세포층(제7장 그림2 참조).

과립층(stratum granulosum): 가시층 바로 위에 존재하는 세포층으로 각질층을 이루는 세포, 즉 각질세포로 분화하는 세포층(제7장 그림2 참조).

각질층(stratum corneum): 상피 제일 바깥쪽에 존재하는 세포층. 기저층에서 출발하여 각질층에도 도달하기까지 약 14일이 소요되며 여기서 약 14일간 더 지내다가 우리 피부에서 떨어져 나가게 된다(제7장 그림2 참조).

피부장벽(skin barrier): 각질층의 각질세포와 그 주위의 지질층은 외부로부터 침입하는 물질을 막아주며 몸 안쪽에 있는 수분은 증발을 억제해 주는 역할을 한다(제7장 그림3 참조).

약물침투증진제(penetration 또는 permeation enhancer): 약물이 피부를 통해 효율적으로 침투 또는 흡수할 목적으로 사용되는 물질이며 라우릴설페이트, 올레익 지방산, 프로필렌글리콜 또는 아존 등이 존재한다. 이들은 피부장벽을 파괴해 약물의 효율적인 피부 침투를 증진해 주는 역할을 한다(제7장 그림4 참조).

모낭(hair follicle): 모낭은 머리카락을 생성하는 기관이며 머리카락 생성에 관여하는 모든 세포가 모낭 안팎에 집결해 있다. 사전적 의미의 모낭은 머리카락을 생성하는 장소의 울타리 또는 주머니이지만 실질적으로 모낭이라 함은 그 안팎에 털을 생성하는 모든 세포를 포함하는 구조를 의미한다(제7장 그림5 및 6 참조).

벌지구역(bulge): 모낭 안쪽에 부속되어 있으며 머리카락 세포의 줄기세포가 거주하고 있는 지역(제7장 그림6 참조).

바깥쪽 뿌리층(outer root sheath): 벌지구역의 줄기세포가 모든 종류의 머리카락 세포로 되기 위해 모낭 아래쪽으로 내려가는 통로 또는 그 세포층(제7장 그림6 참조).

안쪽 뿌리층(inner root sheath): 머리카락 주위에 존재하며 머리카락을 지지해 주는 세포층(제7장 그림6 참조).

제8장

알킬기(alkyl group): 사슬모양 포화탄화수소에서 1개의 수소를 제외한 나머지 부위를 말한다. 결합하지 않은 상태의 알킬기는 반응력이 강하다. 대표적인 알킬기로는 수소 1개를 제외한 메틸기(-CH3)이다. 발암물질 에틸렌옥사이드는 유전자 등에 알킬기를 결합시켜 암을 유발한다.

1급 발암물질(Group 1 carcinogen): 1급 발암물질이란 실험동물은 물론 인간에게도 암을 유발한다고 밝혀진 발암물질을 의미한다. UN 세계보건기구(WHO) 산하인 국제암연구소에서 규정하였다. 에틸렌옥사이드, 석면, 에이즈 바이러스 또는 자궁경부암을 야기하는 파필로마 바이러스 등이 여기에 속한다.

2B급 발암물질(Group 2B carcinogen): 2B급 발암물질이란 실험동물에서 발암성이 확인된 물질이며 이로 인해 인간에게도 암을 유발할 수 있는 가능성이 있는 발암물질을 의미한다. UN 세계보건기구(WHO) 산하 국제암연구소에서 규정하였다. 1,4-다이옥산, 프로필렌옥사이드, 아크릴로니트릴, 디에탄올아민, 코카마이드디이에이 또는 휴대전화의 전자기파 등이 여기에 속한다.

1,4-다이옥산(1,4-dioxane): 무색유취의 휘발성 액체이며 물과 유기용매에 모두 잘 녹는 우수한 용제로 공업용과 도료용으로 많이 사용된다. 1급 발암물질 에틸렌옥사이드가 2개 결합되어 생성된다. 2B급 발암물질이다(제8장 그림4 참조).

ppm(parts per million): 일종의 농도 표시 단위. 100만 조각 중 몇 개 조각을 의미함. 예: 1ppm = 100만 조각 중 한 조각으로 1그램의 설탕에 1마이크로그램 미숫가루가 포함되어 있다면 미숫가루가 설탕에 1ppm 섞여 있다고 표현한다. 왜냐하면 1마이크로그램은 1그램의 100만분의 1이기 때문이다.

에톡시레이트(ethoxylate): 지방산 또는 지방알콜 등에 에틸렌옥사이드가 부가되어 생성된 계면활성제의 총칭(제8장 그림3 참조).

라우레스(laureth): 라우릴 지방알콜에 에틸렌옥사이드를 부가하여 생성된 계면활성제(제8장 그림3 및 4 참조).

제9장

프로필렌옥사이드(propylene oxide): 휘발성 액체이며 보습제 등으로 사용되는 프로필렌글라이콜의 원료이다. UN 세계보건기구(WHO) 산하인 국제암연구소에서 2B급 발암물질로 규정한 물질이다.

아크릴로니트릴(acrylonitrile): 액체이며 거품형성을 촉진하는 코카미도프로필베타인의 원료이다. UN 세계보건기구(WHO) 산하인 국제암연구소에서 2B급 발암물질로 규정한 물질이다.

디에탄올아민(diethanolamine, DEA): 1급 발암물질 에틸렌옥사이드와 암모니아가 반응하여 생성된 물질로 유화제 또는 추가 기능이 있는 계면활성제 원료 등으로 사용된다. 디에탄올아민은 2013년 UN 세계보건기구(WHO) 산하인 국제암연구소에서 2B급 발암물질로 규정된 물질이며 미국 캘리포니아주 법 Proposition 65에 의거할 경우 인간에게 암을 유발하는 물질로 규정되어 있다.

코카마이드디이에이[cocamide DEA(diethanolamine)]: 코코넛 오일의 지방산과 1급 발암물질 에틸렌옥사이드가 부가된 발암물질 디에탄올아민이 결합되어 생성된 계면활성제이다. 계면활성제 코카마이드디이에이는 그 자체가 2013년 UN 세계보건기구(WHO) 산하인 국제암연구소에서 2B급 발암물질로 규정된 물질이며 미국 캘리포니아주 법 Proposition 65에 의거할 경우 인간에게 암을 유발하는 물질로 규정되어 있다.

제10장

California Proposition 65: 미국 캘리포니아 주가 암과 태아의 선천성 결함 발생을 억제하기 위해 1986년에 제정한 법이다. 암과 태아의 선천성 결함을 야기할 수 있는 화학물질을 캘리포니아 주가 지정하여 공표한 후 음용수의 오염은 물론 만약 이 화학물질이 소비자가 사용하는 제품에 안전 기준치 이상으로 포함되어 있다면 제품에 발암물질이 포함되어 있다는 경고문을 반드시 제품에 부착하여야 한다.

폴리소르베이드(polysorbate): 제약, 화장품 또는 식품에 유화제로 사용되는 계면활성제. 지방산이 결합된 소르비톨에 발암물질 에틸렌옥사이드가 다량 부가된 계면활성제이다.

맺음말

　우리가 사용하는 세정제에 가장 많이 포함되어 있는 계면활성제 라우릴설페이트와 라우레스설페이트의 위험성에 대해 알아보았으며 이외에도 각종 계면활성제를 통해 우리가 매일 사용하는 세정제 속에 포함될 수 있는 각종 발암물질들에 대해서도 알아보았다.

　라우릴설페이트는 1900년대 초중반에 독일에서 개발되어 1934년서부터 미국이 상업화하였다. 지금까지 밝혀진 연구 결과를 토대로 라우릴설페이트는 단백질을 변성시키고 세포를 파괴하는 매우 독성이 강한 계면활성제로 잘 알려져 있으며 매우 낮은 농도로도 물고기의 아가미와 콩팥 조직을 파괴하여 급사시킨다. 우리의 피부장벽이 아무리 튼튼하다하더라도 장기적으로 노출될 경우 단백질과 지방질 등으로 이루어진 피부장벽이 파괴되어 아토피를 포함한 다양한 피부질환은 물론 변성되는 단백질 종류 그리고 파괴되는 세포의 종류에 따라 예측할 수 없는 온갖 종류의 질환 발병에 노출될 수밖에 없다. 이뿐만 아니다. 피부장벽이 존재하지 않는 모낭은 더 쉽게 파괴될 수 있어 탈모로 이어질 수 있음을 명심하자.

　라우레스설페이트는 라우릴설페이트에 1급 발암물질 에틸렌옥사이드가 부가되어 생성된 계면활성제이다. 에틸렌옥사이드를 부가하여 계면활성제를 만드는 방법 역시 1900년대 초중반에 독일에서 제일 처음 개발되었다.

현재 요긴하게 사용되는 산업용 계면활성제는 물론 많은 종류의 인체용 계면활성제도 이 방법을 통해 만들어진다. 하지만 불행하게도 에틸렌옥사이드는 백혈병과 유방암 등을 야기하기 하기 때문에 UN 세계보건기구에서 1급 발암물질로 규정된 발암물질이다. 따라서 부가 후에도 에틸렌옥사이드와, 제8장에서 언급한 바와 같이, 부가 중 이 발암물질로부터 새로이 형성되는 2B급 발암물질 1,4-다이옥산 역시 그대로 잔존될 경우 이를 원료로 한 제품을 사용하는 소비자는 최소한 백혈병 또는 유방암 발병 빈도가 상대적으로 높을 가능성을 배제할 수 없다. 이외에도 2B급 발암물질 프로필렌옥사이드와 아클릴로니트릴도 각종 계면활성제에 부가되어 우리 세정제의 원료로 사용되고 있으며 발암물질로 규정된 디에탄올아민도 계면활성제 원료로 사용되고 있다. 이 뿐만 아니다. 계면활성제 코카마이드디이에이는 그 자체가 발암물질로서 어린이들이 주로 사용하는 항균 핸드워시, 신생아 세정제, 주방세제 그리고 식품의약품안전처가 허가한 의약외품인 탈모방지 및 양모용 샴푸 등의 세정제에도 포함되어 사용되고 있는 실정이다. 상당히 심각하다.

이러한 심각성을 고려해 볼 때 우리 세대는 물론 신생아, 영유아 그리고 청소년을 포함한 다음 세대가 이러한 발암물질에 노출될 위험성으로부터 벗어나기 위해 우리, 사회 그리고 국가가 앞으로 무엇을 해야 하는지 이 책을 통해 한번 곰곰이 생각하고 사회적 합의점이 도출될 수 있는 계기가 되었으면 한다. 첫째, 발암물질인 계면활성제 코카마이드디이에이는 신생아는 물론 우리가 사용하는 세정제 속에서 이유여하를 불문하고 지금 반드시 제거되어야 한다. 둘째, 발암물질이 부가된 계면활성제를 우리가 매일 사용하는 세정제의 원료로 사용할 경우 이 사실을 제품에 표기하여 소비자에게 알려야 한다. 즉, 소비자가 발암물질이 부가된 계면활성제가 포함된 제품을 스스로 선택할 수 있는 권리가 주어져야 한다. 특히 인간에게 백혈병과 유방암을 발병시키는 1급 발암물질 에틸렌옥사이드가 부가된 계면활성제의 경우 더욱 그러하다. 백혈병의 경우 우리 아이들 그리고 유방암의 경우 어머니들을 포함한 모든 여성이 암 발병에 더욱 노출될 수 있기 때문이다. 셋째, 발암물질이 부가된 계면활성제를 세정제의 원료로 사용하였을 경우 반드시 잔존하는 발암물질 존재여부를 조사하여 제품 표면에 표기하여야 한다. 마지막으로 이런 규제를 지키지 않을 경우 그것을 강력하게 제제할 수 있는 법이 있어야 한다. 장기적으로 국민의 건강과 행복에 직결되는 문제이기 때문이다. 예로 최소한 제10장에서 소개한 미국 캘리포니아주 법 Proposition 65와 비슷한 또는 그 이상의 것일 수 있다.

현재 우리나라 주방세제의 전성분은 법적인 강제성이 없기 때문에 구태여 제품 표면에 표기하지 않는다. 주방세제는 어린아이들을 포함해 우리 가족 모두가 섭취할 가능성이 매우 크다는 것을 고려해 볼 때 샴푸처럼 주방세제 용기 겉면에 법적으로 전성분이 표기되어 주방세제에 포함된 성분에 따라 소비자 스스로 주방세제 제품을 선택할 수 있는 권리가 주어져야 한다. 전성분을 보니 단백질을 변성시키고 세포를 파괴하며, 더 나아가 암을 유발할 수 있는 계면활성제 또는 계면활성제에 부가되는 발암물질이 잔존할 가능성이 있는 제품이라면 어떨까? 태아에게 직접 영향을 줄 수 있는 임산부는 물론 우리나라의 어머니라면 누구나 가족과 자신의 건강을 위해 그 제품을 선택하는 데 한 번 더 신중히 고려하게 될 것이다.

우리가 매일 사용하는 세정제를 안전할 것이라고 무의식적으로 받아들이는 현실을 제대로 바라보고 이제는 새로운 인식을 가져야 한다. 그리고 그 변화가 세정제 속에 존재하는, 단백질을 변성시키고 세포를 파괴하는, 계면활성제와 암을 유발하는 발암물질로부터 본인과 가족의 건강을 보호하는 데 도움이 되기를 바란다.